Shahide Dehghan
Elahe Zamani
Hossein Gholami

Otimização de sistemas de água

Shahide Dehghan
Elahe Zamani
Hossein Gholami

Otimização de sistemas de água

ScienciaScripts

Cover image: www.ingimage.com

This book is a translation from the original published under ISBN 978-620-8-41633-1.

Publisher:
Sciencia Scripts
is a trademark of
Dodo Books Indian Ocean Ltd. and OmniScriptum S.R.L publishing group

120 High Road, East Finchley, London, N2 9ED, United Kingdom
Str. Armeneasca 28/1, office 1, Chisinau MD-2012, Republic of Moldova, Europe
Managing Directors: Ieva Konstantinova, Victoria Ursu
info@omniscriptum.com

Printed at: see last page
ISBN: 978-620-8-51958-2

OPTIMIZAÇÃO DE SISTEMAS DE ÁGUA

SHAHIDE DEHGHAN1, ELAHE ZAMANI2 HOSSEIN GHOLAMI3
1DEPARTAMENTO DE GEOGRAFIA, SECÇÃO DE NAJAFABAD, UNIVERSIDADE ISLÂMICA AZAD, NAJAFABAD, IRÃO
2DEPARTAMENTO DE GESTÃO DE TERRAS ÁRIDAS E DESERTOS, FACULDADE DE RECURSOS NATURAIS, UNIVERSIDADE DE YAZD, YAZD, IRÃO E INVESTIGADOR ASSOCIADO, DEPARTAMENTO DE ENGENHARIA ALIMENTAR, FACULDADE DE ENGENHARIA QUÍMICA E METALÚRGICA, UNIVERSIDADE TÉCNICA DE ISTAMBUL, ISTAMBUL, TURQUIA
3DEPARTAMENTO DE ENGENHARIA CIVIL, SECÇÃO DE ISFAHAN (KHORASGAN), UNIVERSIDADE ISLÂMICA AZAD, ISFAHAN, IRÃO

2026

ÍNDICE DE CONTEÚDOS

PREFÁCIO

Devido à sua localização num clima seco e semi-árido, o Irão enfrenta o risco de uma crise de água nos próximos anos. Por conseguinte, para fazer face a essa crise, é necessário ser mais sensível aos tipos de consumo de água. Entre estas utilizações encontra-se a água virtual. A água utilizada no processo de produção de bens é chamada água virtual, uma parte da qual é mantida no produto. O comércio de água virtual ocorre quando os bens são importados para os mercados mundiais. Espera-se que o comércio de água virtual reduza o consumo de água a nível nacional e internacional devido a uma utilização mais eficiente e especializada da água. Atualmente, o conceito de água virtual é uma das questões mais importantes na gestão dos recursos hídricos. Neste estudo, foi investigado o estado de compatibilidade do conceito de água virtual no Irão. A água é um dos componentes mais importantes necessários para a continuação da vida. O consumo excessivo deste elemento tem causado danos irreparáveis aos recursos hídricos e o sector agrícola tem sido o que mais consome água. Nos últimos anos, a redução significativa dos recursos hídricos, bem como a tendência crescente de seca, exige uma revisão e mudança no sector agrícola. Para o efeito, nesta investigação, estimou-se a necessidade de água dos produtos agrícolas da província de Mazandaran, incluindo arroz, trigo, cevada, citrinos, e investigou-se o volume de água verde e azul virtual e a quantidade de água exportada e importada por estes produtos ao nível da província como pólo agrícola do país. Para este efeito, foram recebidas dos organismos competentes informações meteorológicas como a precipitação, a temperatura mínima e máxima, a humidade relativa, as horas de sol da região e informações como a área cultivada, o rendimento produtos, o volume de água exportado e importado durante os últimos dez anos.

INTRODUÇÃO

A ciência da hidrologia é a base da tomada de decisões no domínio dos recursos hídricos e da avaliação dos riscos conexos, como as inundações, as secas e a poluição. Apesar da importância vital desta ciência para a sociedade, este domínio científico está a enfrentar uma grave falta de dados nos domínios espacial e temporal. Nos países do terceiro mundo e nos países com baixos rendimentos, devido à limitação dos dados e da informação estatística e ao elevado custo do processo de monitorização, estes enfrentam uma falta de dados. Por conseguinte, os dados recolhidos pelas comunidades locais e por voluntários e a monitorização através das pessoas é um método eficaz neste domínio. A análise das fontes mostra que a aplicação da ciência cidadã na hidrologia e nos recursos hídricos é mais limitada do que noutros domínios científicos, como a ecologia e a astronomia, mas está a aumentar devido à importância crescente dos recursos hídricos. Os resultados da investigação mostraram que, se for dada formação suficiente aos cidadãos, os dados recolhidos por estes têm uma validade aceitável. Por conseguinte, de acordo com as potencialidades da ciência cidadã e o desenvolvimento de tecnologias, é possível obter uma recolha de dados hidrológicos fiável, atempada e a longo prazo, que podem ser utilizados na tomada de decisões e na gestão dos recursos hídricos. A seca é uma das catástrofes naturais mais importantes que podem ocorrer em qualquer clima. Uma vez que a ocorrência de secas é inevitável, é muito importante conhecê-la para gerir os recursos hídricos de forma optimizada. A distribuição da precipitação no país é tal que colocou o Irão nas fileiras dos países com severas restrições de água. Esta questão provocou, por vezes, tensões sociais no país. Com base neste facto, uma das necessidades de gestão do país é a gestão dos recursos hídricos. A este respeito, é necessário criar e desenvolver uma base de dados sobre os recursos hídricos, identificar e reconstruir dados incompletos e, por vezes, incorrectos, recolher novos dados, processar e analisar dados, purificar a informação e, finalmente, aplicar os seus resultados em tópicos relacionados. Gestão dos recursos hídricos. A este respeito, foram apresentados vários métodos para estudar e investigar diferentes questões hidrológicas. Entretanto, nos últimos anos, temos assistido a um movimento contínuo da investigação puramente teórica para a investigação aplicada, especialmente no domínio da extração de dados.

CORPO DO TEXTO

A rede neural artificial e a árvore de decisão são dois métodos de extração de dados importantes análise de dados relacionados com os recursos hídricos, sendo adequados e utilizáveis para ambos os tipos de dados relacionados com a quantidade e a qualidade dos recursos hídricos. - O consumo de água é constituído por vários subsistemas. Estes subsistemas têm interações e feedbacks interligados e dinâmicos. A fiabilidade dos sistemas de recursos hídricos é normalmente estabelecida de forma natural. Mas a expansão da intervenção humana no último século teve efeitos negativos nos recursos hídricos e ameaçou a fiabilidade destes sistemas. Atualmente, as regras que regem a captação e o consumo de água desempenham um papel importante na sobrevivência dos recursos hídricos. De facto, a eficácia destas regras e o cumprimento da parte humana (funcionários, aguadeiros, etc.) podem conduzir à fiabilidade do sistema. É a sua própria estratégia. Parece que hoje, no Irão, os conceitos e a importância da medição e da monitorização e, mais do que isso, o papel fundamental destes dados na gestão, devem ser enfatizados, porque para a gestão integrada dos recursos hídricos, o sistema de avaliação desempenha um papel vital. Os valores medidos não só devem ser fiáveis e suficientes, como devem estar de acordo com as necessidades de gestão (a diferentes níveis). A fiabilidade dos recursos da terra é a questão mais vital da atualidade, e a água subterrânea é um dos mais importantes desses recursos. A exploração sustentável deste recurso é considerada uma necessidade inevitável para alcançar o desenvolvimento sustentável no Irão. No entanto, a colheita excessiva e a falta de atenção aos conceitos fundamentais para a exploração sustentável das águas subterrâneas em muitas bacias hidrográficas resultaram na destruição de ecossistemas dependentes das águas subterrâneas e noutros danos irreparáveis. Depois de examinar o curso histórico da mudança destes conceitos fundamentais, estes conceitos são classificados para uso dos profissionais. Os resultados das análises mostram que três conceitos básicos (irrigação fiável, irrigação extractiva e irrigação estável) são mais importantes e que outros conceitos se situam em torno destes três conceitos. Por outras palavras, esta evolução foi desenvolvida em resposta à questão de saber qual a quantidade de reserva útil do aquífero que pode ser bombeada. Uma revisão da evolução das abordagens à bombagem de água subterrânea mostra que determinar a bombagem máxima requer a explicação de critérios razoáveis e desejáveis baseados nestes conceitos. Na secção de meta-análise e resumo, a posição da abordagem atual (executiva e científica) no Irão foi comparada com a evolução da gestão das águas subterrâneas no mundo. Esta comparação mostra a existência de um fosso profundo entre a exploração sustentável e as condições actuais de exploração das águas subterrâneas no Irão. A ciência da hidrologia é a base da tomada de decisões no domínio dos recursos hídricos e da avaliação dos riscos conexos, como as inundações, as secas e a poluição. Apesar da importância vital desta ciência para a sociedade, este domínio científico debate-se com uma grave falta de dados nos domínios espacial e temporal. Nos países do terceiro mundo e nos países com baixos rendimentos, devido limitação dos dados e da informação estatística e ao elevado custo do processo de monitorização, estes enfrentam uma falta de dados. Por conseguinte, os dados recolhidos pelas comunidades locais e por voluntários e a monitorização através das pessoas é um método eficaz neste domínio. A ciência cidadã refere-se a parcerias entre investigadores e comunidades de voluntários com o objetivo de recolher dados, analisar dados, desenvolver conhecimentos científicos, partilhar informações e incentivar a interação e a compreensão entre as comunidades locais e o seu ambiente natural. A revisão das fontes mostra que a aplicação da ciência cidadã na hidrologia e nos recursos hídricos é mais limitada do que noutros domínios científicos, como a ecologia e a astronomia, mas está a aumentar devido à importância crescente dos recursos hídricos. Os resultados da investigação mostraram que, se for dada formação suficiente aos cidadãos, os dados recolhidos por estes têm uma validade aceitável. Por conseguinte, de acordo com o potencial da ciência cidadã e o desenvolvimento de tecnologias, é possível obter uma recolha de dados hidrológicos fiável, atempada e a longo prazo, que podem ser utilizados na tomada de decisões e na gestão dos recursos hídricos. Ao longo da história, os recursos hídricos sempre estiveram no centro da formação das civilizações e as sociedades humanas formaram-se em torno destes recursos, pelo que a proteção dos recursos hídricos para as gerações futuras e a sua exploração correta e com princípios é muito importante para a estabilidade e o desenvolvimento das civilizações e dos países, pelo que a maioria dos especialistas considera que as guerras do século XXI são guerras por fontes de água doce e saudável. Hoje em dia, com o aumento significativo das incertezas ambientais, os métodos tradicionais de planeamento perderam a sua eficácia. O planeamento de cenários é uma das ferramentas de previsão que foi criada e desenvolvida durante a Guerra Fria em para enfrentar as incertezas no planeamento. Neste método, ao contrário dos métodos de planeamento tradicionais, o futuro não é considerado como uma extensão das tendências passadas, mas sim como as principais forças ambientais que mostram o estado futuro de um sistema. Devido à limitação dos recursos hídricos, por um lado, e ao aumento das necessidades de água, por outro, as capacidades de afetação dos recursos hídricos da forma tradicional diminuíram e a utilização de novas estratégias de afetação e gestão dos recursos hídricos para a escolha de projectos e também para ajudar a tomar as decisões corretas na afetação e gestão dos recursos hídricos tornou-se mais importante do que nunca. Atualmente, verificam-se interações entre as sociedades humanas e o ciclo hidrológico que nunca foram observadas no passado. Os feedbacks e as interações entre os sistemas humanos e hidrológicos mostram que as actividades humanas levaram à criação de uma forte ligação entre os seres humanos e os sistemas hidrológicos e os efeitos positivos e negativos do desenvolvimento dos sistemas sociais através de decisões de gestão dos sistemas hidrológicos. Estas condições levaram ao aparecimento nova ciência da "hidrologia social" com o objetivo de compreender a "dinâmica e co-evolução dos sistemas hídricos humanos contínuos". De facto, a hidrologia social é o estudo dos sistemas hídricos humanos contínuos com base co-evolução dos sistemas sociais e hidrológicos, em que são analisadas as retroacções e interações mútuas. A hidrologia social, formada nos quadros da economia e da política, alargou as fronteiras da hidrologia para aceitar os seres humanos como parte integrante ciclo hidrológico, e é considerada um novo desenvolvimento na hidrologia que cria a necessidade de repensar este conhecimento. Entre as questões e tópicos importantes que têm sido levantados no campo dos estudos urbanos e do planeamento urbano a nível global está a discussão relacionada com a relação entre os direitos de cidadania e a gestão urbana. As cidades como centros residenciais têm diferentes corpos e funções. A formação social e a atribuição de papéis a diferentes actores na arena urbana, incluindo o governo popular, as instituições civis e os legisladores, levou ao aparecimento de deveres e responsabilidades mútuos e bilaterais entre cidadãos e administradores a nível nacional e local. Trata-se de conceitos que têm uma relação muito estreita e próxima entre si. As leis e regulamentos urbanos podem ser considerados como um dos décimos primeiros pontos de ligação entre a gestão urbana e os cidadãos. De acordo com os actores dos principais elementos da gestão urbana, à luz das leis e regulamentos urbanos, ao mesmo tempo que definem o papel para si próprios e para os outros membros, os cidadãos podem participar na administração dos assuntos. Deixá-los tomar consciência do conceito de cidadania e dos seus direitos. A visão da cidade sobre a questão dos direitos de cidadania é a relação entre os cidadãos da cidade, os seus direitos e deveres, e os princípios, objectivos, deveres e métodos para fazer. De facto, os direitos de cidadania são uma mistura dos deveres e das responsabilidades dos cidadãos entre si, com a cidade, com o governo ou com poderes dirigentes do país. Os direitos e privilégios que são da responsabilidade dos gestores da cidade, do governo ou do poder em geral. Serão os temas da cidadania, dos direitos de cidadania, da gestão urbana e da gestão orientada para o cidadão. A partilha dos recursos hídricos tem provocado tensões, mas também cooperação a nível regional e internacional. Sem dúvida, a identificação de factores eficazes na gestão desses recursos será um pré-requisito para negociações bilaterais ou multilaterais destinadas a resolver as tensões existentes e a estabelecer a cooperação entre as partes interessadas. Com uma visão abrangente das questões de gestão dos recursos hídricos fronteiriços, os parâmetros eficazes do ponto de vista hidroelétrico devem ser identificados e categorizados num quadro inovador. A abordagem utilizada para atingir este objetivo é uma revisão aprofundada da literatura existente neste domínio, bem como a utilização da deteção remota para estudar diferentes critérios. O quadro inovador é apresentado com base nos quatro eixos políticos, económicos, sociais e ambientais como as principais dimensões da hidropolítica e foi priorizado com base na opinião de peritos. Os resultados mostram que, para se chegar a um acordo abrangente e sustentável no processo de negociações bilaterais ou multilaterais, a maior atenção deve ser aos eixos políticos e económicos sob a forma de critérios de segurança nacional, relações internacionais, economia da água, economia política, geografia política, planeamento de actividades económicas conjuntas e exportações e importações. A este respeito, a atenção aos subcritérios da superioridade da localização geográfica, da gestão dos recursos hídricos existentes, da estabilidade da governação política, da gestão dos recursos hídricos, da segurança alimentar, da hidrologia das bacias hidrográficas, do intercâmbio de água e energia, do comércio de água e do conflito de interesses estratégicos terá o maior impacto no processo de negociação. A crise da escassez de água, por um lado, e a falta de uma gestão adequada dos recursos hídricos, por outro, tornam necessária a implementação de uma gestão integrada dos recursos hídricos para atingir os objectivos de desenvolvimento sustentável. principal objetivo do processo de gestão dos recursos hídricos é manter e melhorar o estado dos recursos para utilização das gerações futuras. Para atingir este objetivo, é necessário fornecer os instrumentos necessários para criar as infra-estruturas necessárias à correta aplicação da gestão integrada dos recursos hídricos e à realização dos objectivos de desenvolvimento sustentável. Estes instrumentos são necessários para criar uma abordagem de gestão integrada dos recursos hídricos em conformidade com os objectivos de desenvolvimento sustentável numa região, pelo que a disponibilização das infra-estruturas necessárias para tal deve ser considerada como os principais pilares do planeamento da gestão numa região, o que também só é possível com a participação e a coordenação de todos os elementos, organizações, beneficiários e utilizadores dos recursos hídricos. De acordo com as condições climáticas existentes, o país está maioritariamente localizado território de regiões áridas e semi-áridas, pelo que o problema da falta de precipitação e da falta de distribuição no tempo e no lugar duplica a importância e a necessidade de uma exploração adequada dos recursos hídricos em diferentes partes do país, pelo que a gestão sustentável dos recursos A água deve ser priorizada na tomada de decisões e no planeamento do governo. Uma das soluções mais adequadas para essas áreas é controlar as inundações e desviá-las para o lençol freático subterrâneo ou para o plano de distribuição de inundações do reservatório. Além disso, o nível de água subterrânea do poço de construção aumenta relativamente após cada inundação, mas depois disso o nível de água subterrânea da área é um processo natural. e a nascente a jusante da estação tinha um caudal muito baixo antes da inundação e, após a inundação, o seu caudal aumenta, o que indica o efeito da inundação nas fontes de água subterrânea, pelo que se recomenda a conceção de aquíferos de acordo com o papel que pode ser estudado e implementado no controlo das inundações e no reforço das águas subterrâneas em áreas propensas. A questão da água é hoje o discurso dominante das sociedades para a sustentabilidade. No que diz respeito às questões relacionadas com a água, deve ter-se em que se trata de um problema complexo e confuso de interação de sistemas económicos, sociais, ambientais e culturais, cuja principal razão é a fraca compreensão das sociedades humanas sobre os recursos. A água e a forma como a água é utilizada. A gestão integrada dos recursos hídricos é uma abordagem interdisciplinar para alcançar a sustentabilidade da água com base na interação das partes interessadas, o que exige uma mudança nas estratégias e acções, o que exige uma mudança nas crenças e no comportamento dos indivíduos e dos grupos locais para alcançar os objectivos da gestão integrada dos recursos hídricos. O papel insubstituível dos meios de comunicação social neste domínio é diferente e tem vários aspectos. No entanto, nem todas as missões foram tidas em conta e muitos aspectos foram negligenciados. A ocorrência de secas nas últimas décadas e o aumento da população conduziram a um aumento da procura de água e, como resultado da sobre-exploração dos recursos hídricos, provocaram uma diminuição crescente destes valiosos recursos. Ao estudar a literatura relacionada com a gestão dos recursos hídricos, são levantados problemas como a falta de sensibilização dos mutuários e, em consequência desta falta de sensibilização, a tomada de decisões erradas leva à falta de uma gestão adequada deste recurso. Na maioria destes estudos, a solução sugerida consiste em reforçar as capacidades dos titulares de hipotecas e aumentar a sua sensibilização. A este respeito, nos últimos anos, foi proposto o conceito de jogo sério. Estes jogos não são utilizados apenas para entretenimento, mas, na maioria dos casos, o seu principal objetivo é educar, formar e aprender o público do jogo. Além disso, ao criar condições seguras e sem riscos para o público do jogo, estes jogos proporcionam condições em que o público pode experimentar questões desafiantes e, ao aprender com elas, pode tomar decisões corretas em situações reais. Neste estudo, tentou-se apresentar alguns dos jogos no domínio da água, a sua aplicação e algumas das suas caraterísticas e componentes. Em geral, pode dizer-se que a utilização destes jogos pode ser utilizada como uma ferramenta adequada para ensinar alguns conceitos e reforçar as capacidades dos mutuários do sector da água. O conceito de comércio de água virtual entre a população mundial em crescimento, com a necessidade crescente de segurança alimentar e os seus efeitos relacionados com recursos hídricos cada vez mais escassos, tem atraído cada vez mais atenção. A água virtual foi originalmente definida como "água incorporada em produtos alimentares comercializados internacionalmente", e este conceito foi desenvolvido no contexto da segurança alimentar nacional e regional. Basicamente, este conceito incentiva um país a vender produtos agrícolas de acordo com a quantidade de água necessária para produzir esses produtos. Desta forma, um país que pretenda aumentar a sua segurança alimentar, minimizando o impacto nos seus recursos hídricos, pode importar produtos agrícolas de outro país em vez de produzir os seus próprios produtos e, assim, evitar os efeitos do consumo de água. abrandar Estas considerações sobre a água virtual contribuem para os difíceis compromissos entre a proteção dos recursos hídricos e a segurança alimentar. A melhoria deste tipo de soluções de compromisso pode conduzir a políticas comerciais mais informadas que a) melhorem a segurança alimentar e b) garantam que os escassos recursos hídricos sejam adequadamente protegidos e utilizados para um benefício ótimo. . As importações virtuais de água através de alimentos importados e as exportações de outros produtos de base que requerem menos água são uma preocupação constante para os países com escassez de água que procuram maximizar o valor dos seus recursos hídricos limitados. O aumento da população mundial e, consequentemente, a necessidade de satisfazer as necessidades alimentares, por um lado, e a redução significativa dos recursos renováveis, por outro, um aumento do volume das actividades agrícolas e, consequentemente, do consumo de recursos hídricos. Atualmente, este processo conduziu ao aparecimento de um conceito designado por problema de escassez de água. Neste sentido, e para evitar a ocorrência de secas e reduzir os seus efeitos destrutivos, a questão mais importante atualmente é a gestão correta dos recursos hídricos. Prestar atenção aos princípios da defesa passiva no sector agrícola, como maior consumidor de recursos hídricos, é necessário para a continuação da segurança alimentar. A este respeito, o sector agrícola é considerado como o pilar mais importante do fornecimento de alimentos e segurança social; portanto, a necessidade de apoiar e prestar mais atenção a este sector em consonância com a independência e autossuficiência, especialmente na produção de produtos estratégicos do país, deve ser priorizada. Existem vários problemas na realização de uma gestão e exploração adequadas dos recursos hídricos, que exigem a atenção e a interação dos funcionários, do Ministério da Energia, do Ministério da Agricultura Jihad, dos indivíduos e dos grupos sociais. A este respeito, podem ser eficazes soluções de gestão como a implementação de planos para equilibrar a água subterrânea e a nutrição artificial, o bloqueio de poços não autorizados e a prevenção da colheita excessiva de aquíferos subterrâneos, o desenvolvimento do cultivo em ambientes controlados e a disponibilização de instalações de cultivo em estufas, a reforma dos métodos de irrigação e o desenvolvimento da irrigação sob pressão, o controlo do padrão de cultivo dos agricultores e a disponibilização de soluções para reduzir a evaporação dos reservatórios de água. É necessário utilizar métodos de gestão da água devido à procura crescente e aos recursos hídricos limitados. O consumo de água na indústria depende em grande medida do tipo de processos, do equipamento utilizado e da forma como a água é gerida. Com o aumento das pressões externas para reduzir o consumo de água, foi chamada a atenção dos proprietários industriais para o facto de a reutilização da água ser economicamente viável. Além disso, por vezes, a recuperação e purificação parcial da água e a sua reutilização é mais fácil e mais económica do que se as águas residuais forem descarregadas em conformidade com as normas ambientais. Desta forma, os dois problemas de redução do consumo de água e, consequentemente, de redução das águas residuais e de redução do consumo de água e, finalmente, de redução do custo dos sistemas de purificação na conceção das unidades são um processo contínuo. O primeiro passo neste sentido é o controlo e a medição precisos e contínuos do consumo de água, bem como a identificação das fontes utilizadas. Depois disso, a crise da água pode ser gerida através da otimização do consumo, especialmente dos recursos que têm o maior consumo. Após a receção da informação, a visita de campo e a determinação da quantidade de recursos, do consumo, bem como da quantidade de águas residuais produzidas, foram utilizados o ambiente de programação Visual Basic do software Excel, a escrita de macros, tabelas dinâmicas e funções de células para compilar o modelo. Os resultados mostraram que o modelo desenvolvido para otimizar a utilização das águas residuais produzidas e reduzir a quantidade de consumo de água tem um bom desempenho. Em todo o mundo, os recursos hídricos constituem uma componente essencial do planeta Terra, suportando todas as formas de vida. A água materializa o artesanato e a pesca, o abastecimento de água para uso doméstico, a indústria, a agricultura, o transporte, a limpeza, o consumo e o ecoturismo. O início do século XXI enfrenta o desafio das alterações climáticas e as pressões ambientais (pressões abióticas e bióticas) constituem uma grande ameaça para a futura segurança alimentar em todo o mundo. O stress hídrico é um dos mais importantes factores de stress abiótico associado às alterações climáticas, que também afecta o stress biológico, afecta o crescimento e o desenvolvimento das plantas e tem uma vasta gama de efeitos sobre a morfologia, a fisiologia, a bioquímica e até a regulação dos genes, conduzindo à morte das plantas. A limitação dos recursos hídricos no mundo e no Irão, a necessidade de conservar a água, aplicar uma gestão correta e utilizar técnicas avançadas a fim de preservar as reservas de humidade do solo através da seleção de cultivares resistentes e de métodos de gestão (agrícolas e não agrícolas) que incluam medidas eficazes para aumentar a eficiência da irrigação e, assim, melhorar a utilização de recursos hídricos limitados. A crescente escassez de água é um desafio importante para satisfazer a procura cada vez maior de água em todos os sectores. Nas regiões áridas e semi-áridas do mundo, esta crise irá provavelmente intensificar-se com os efeitos negativos das alterações climáticas na disponibilidade global de água. Devido aos recursos hídricos limitados do país, é necessário prestar atenção à gestão sustentável dos recursos hídricos nas políticas e no planeamento da exploração da água. A abordagem da hidrologia social na gestão dos recursos hídricos foi discutida e, utilizando o método de revisão narrativa, a informação produzida em três grupos: 1) introdução da hidrologia social como um novo método de gestão dos recursos hídricos, 2) descrição de vários enquadramentos da hidrologia social e 3) investigação do papel da hidrologia social na gestão dos recursos hídricos agrícolas. De acordo com os estudos efectuados, apesar da investigação das dimensões sociais nos estudos de hidrologia social, as dimensões da sustentabilidade social ainda não foram consideradas, o que torna necessária a realização de mais estudos sobre os conceitos de sustentabilidade na hidrologia social. O aumento da população mundial, especialmente nos países em vias de desenvolvimento, por um lado, e a necessidade de fornecer alimentos a essa população, por outro lado, não têm resultado noutra coisa senão numa exploração excessiva dos recursos. Na sequência da determinação dos objectivos do terceiro milénio das Nações

Unidas, os investigadores apresentaram várias abordagens interdisciplinares para alcançar uma espécie de equilíbrio dinâmico na produção e no consumo de recursos, uma das mais importantes das quais é a abordagem da ligação entre água, energia e alimentos. Considerando as limitações dos recursos disponíveis que aumentam de dia para dia, esta abordagem aumenta a produtividade utilizando a integração dos ciclos da água, da energia e dos alimentos. A água, a energia e os alimentos, apesar de terem diferenças inerentes de um ponto de vista sistémico, têm muitas semelhanças e, devido a esta relação sistémica e ao seu efeito mútuo, foi hoje proposto um novo conceito designado por abordagem de ligação. Nas últimas décadas, a sobrecolheita e a falta de uma gestão adequada, juntamente com as secas persistentes, realçaram a importância da gestão do abastecimento de água. A captação de água dos recursos hídricos disponíveis para utilização na agricultura, enquanto maior consumidor de água doce do mundo, exige uma revisão do planeamento e da afetação económica através de um padrão ótimo de culturas. O objetivo deste estudo é investigar o efeito da política de aumento preço da água e de alteração da fonte de água disponível nos padrões de cultura desejados e no lucro líquido da agricultura . Os conceitos de justiça e equidade são abordados nas leis, regulamentos e quadros de decisão como um princípio orientador das estratégias de afetação dos recursos hídricos. Por outro lado, a inclusão destes conceitos no planeamento e na gestão dos recursos hídricos depara-se com obstáculos como a compreensão concetual incompleta, a falta de critérios quantitativos e qualitativos, a relação pouco clara entre justiça e equidade e os quadros de planeamento e as estratégias de gestão dos recursos hídricos e a falta de exemplos concretos. Neste estudo, sob a forma de um estudo documental qualitativo, foram examinados os significados de justiça e, mais especificamente, de equidade como um dos princípios de justiça e a sua aplicação na gestão dos recursos hídricos subterrâneos. Para o efeito, foram introduzidos os métodos de operacionalização da equidade no planeamento e gestão dos recursos hídricos subterrâneos e a forma de integrar a equidade nos processos de planeamento destes recursos. Os resultados mostram que não existe uma definição universal de justiça e equidade e que, consoante o conteúdo, o tipo de fonte de água, as leis e os enquadramentos definidos em cada país e bacia hidrográfica, a definição e as abordagens da justiça e equidade da água são diferentes. No entanto, a utilização de critérios relacionados com o princípio da equidade, os métodos de simulação de otimização e a conceção de modelos de sistemas podem ser utilizados para operacionalizar, medir, aferir as políticas e medidas relativas à água a todos os níveis de decisão (nacional, provincial e local) para assegurar a gestão equitativa dos recursos hídricos. Considerando as dimensões da equidade, os programas de cooperação oferecem uma oportunidade para os mutuários participarem nas fases de modelação e planeamento dos recursos hídricos subterrâneos. No entanto, é necessário considerar a facilitação hábil para criar interações significativas e justas entre cientistas e comunidades. Neste estudo, em vez de fornecer uma solução prescritiva para alcançar a justiça e a equidade na gestão dos recursos hídricos subterrâneos, enfatiza-se necessidade de abordagens contextuais que incluam passos pragmáticos para acções e resultados mais equitativos. Em todo o mundo, as mulheres são mais dependentes dos recursos naturais devido à responsabilidade de fornecer alimentos, água e combustível. Por esta razão, as alterações climáticas e a consequente redução dos recursos hídricos afectam especialmente as mulheres. Do ponto de vista da investigação global e dos documentos da ONU, as mulheres são um dos pilares do desenvolvimento e a chave para o sucesso das políticas da água. Esta importância foi sublinhada nos documentos das Nações Unidas sobre o desenvolvimento sustentável. Em os planos de desenvolvimento do Irão nos últimos anos, apesar de mencionarem a importância da participação das mulheres e o papel das mulheres no processo de desenvolvimento, não vemos um plano específico relativo ao papel das mulheres no desenvolvimento sustentável da água. A água é uma das necessidades básicas de todas as criaturas da Terra; além disso, devido ao aumento do nível de vida e ao aumento do consumo per capita, a água tornou-se muito importante. De acordo com algumas partes do mundo que são áreas secas e semi-secas e também em alguns lugares a precipitação é muito baixa; É essencial evitar o desperdício de água. A evaporação é um dos ciclos hidrológicos que provoca uma diminuição significativa da quantidade de água. O aumento da temperatura e as mudanças no clima mundial também aumentam a quantidade de água evaporada. Devem ser indicados os tipos de métodos actuais para reduzir a quantidade de evaporação, bem como as suas vantagens e desvantagens. Há também sugestões para reduzir a evaporação dos reservatórios de água. As fontes de água superficiais e subterrâneas são um dos recursos mais importantes de que a vida humana necessita e, se não lhes for prestada atenção, problemas irreparáveis afectarão os seres humanos. Sem água, a vida e o surgimento da civilização humana não têm sentido em todos os sentidos. Por conseguinte, a gestão dos recursos hídricos, tanto superficiais como subterrâneos, é uma das necessidades básicas das sociedades, que devem ser formadas com base na ciência e também com base em princípios de engenharia. Uma das bênçãos da natureza na Terra é a chuva. Parte da água da chuva é facilmente desperdiçada se for utilizada de forma incorrecta. Uma parte pode escorrer na superfície do solo sem qualquer objetivo e tornar-se numa erva daninha, ou pode ficar fora de alcance devido à evaporação. Por conseguinte, os métodos científicos e de engenharia da gestão das águas superficiais e, consequentemente, da gestão das águas pluviais são uma parte inseparável da ciência da gestão dos recursos hídricos. Para além dos diferentes métodos de gestão das águas de superfície e das águas pluviais, podemos mencionar um método designado por recolha de águas pluviais. Neste método científico, que se baseia em princípios de engenharia, são concebidos sistemas de captação de águas pluviais e sistemas de controlo que, se devidamente concebidos e implementados, podem utilizar a maior parte dos recursos de água da chuva que estão fora do alcance e são desperdiçados. No que diz respeito à recolha de águas pluviais, discutimos as suas vantagens, utilizações e efeitos e salientamos a necessidade da sua conceção e implementação científica e baseada em princípios. Devido à extração indiscriminada dos recursos hídricos subterrâneos, à redução da precipitação e às alterações climáticas, foi necessário estudar o leito e o limite do rio, alterar as condutas existentes na ponte, remover os sedimentos da posição do tubo de saída da captação de água e implementar operações de bacia hidrográfica. A falta de recursos hídricos, por um lado, e a necessidade de produzir alimentos, por outro, provocaram uma falta de gestão adequada no domínio da distribuição de água na agricultura. Investigar os obstáculos que se colocam à formação de organizações de transporte de água como uma solução para a utilização óptima dos recursos hídricos existentes, a fim de evitar o consumo excessivo de água com a participação das partes interessadas. As organizações de gestão da água são a primeira forma de abordagem de gestão participativa no sector da irrigação e o seu papel fundamental na gestão óptima do consumo de água na agricultura é inegável. A fim de compreender os resultados das medidas de gestão das bacias hidrográficas e o seu impacto na resolução dos problemas económicos, sociais e ambientais da região, é necessário avaliar essas medidas para melhorar as actividades futuras nas bacias hidrográficas. Um dos aspectos importantes na tomada de decisões sobre a gestão de bacias hidrográficas é a atenção dada à participação dos interessados no processo de planeamento. Por outro lado, a participação das pessoas interessadas não é a mesma e os seus pontos de vista sobre a questão são diferentes. A água é um dos principais pilares da vida humana, pelo que a vida sem ela é inimaginável para os seres vivos. Embora a quantidade total de água no mundo seja constante, a sua distribuição inadequada e heterogénea a nível mundial e, sobretudo, a falta de água potável em muitas partes do mundo têm suscitado muitas preocupações às sociedades humanas. Cerca de 70% da superfície da Terra é coberta por água. Mas, infelizmente, a crise da água em muitos países do mundo, incluindo países da faixa árida da Terra como o Irão, será uma das principais preocupações para o futuro das sociedades humanas. Em muitas partes do mundo, não há água suficiente para a produção de alimentos e para o crescimento da população. A destruição de espécies vegetais e animais são outros factos que têm acontecido em muitas partes do mundo e que podem alterar o modo de vida das gerações futuras. Por conseguinte, a investigação deste fenómeno e das suas consequências, que é justamente designado por terramoto silencioso, pode ser uma ferramenta. É adequado para fornecer soluções eficazes para lidar com ele e reduzir os seus efeitos. A importância da água como fonte de vida e elemento básico da formação e sobrevivência de antigas civilizações humanas nas partes mais longínquas da Terra torna mais necessária a necessidade da sua gestão eficiente. As experiências e evidências globais mostram que o governo sozinho não pode ser o líder na gestão desta fonte de vida, e os esforços para encontrar uma solução adequada para gestão óptima dos sistemas de irrigação baseiam-se na opinião de que a gestão óptima dos sistemas de irrigação depende apenas da adoção de um procedimento pluralista e participativo. A água é um dos factores de produção mais raros utilizados na produção de produtos agrícolas em todos os países. Em seguida, este modelo foi resolvido através de programação óptima. Os resultados mostraram que a água necessária para os sectores potável e ambiental será fornecida de acordo com os dados históricos, mas parte da água necessária para o sector agrícola não será fornecida. Se, nos primeiros seis meses do ano, o excesso de água for armazenado nas fontes de armazenamento do semi-poço, nos segundos seis meses, os diferentes sectores não enfrentarão escassez de água e, ao aumentar a eficiência da irrigação, a área cultivada pode ser aumentada. De acordo com o Fórum Económico Mundial, a crise da água está entre as cinco principais ameaças à prosperidade global. Entretanto, considerando a importância de fornecer água segura e sanitária nos dezassete objectivos do desenvolvimento sustentável, e com o aumento da população mundial, as secas, as inundações, o aumento da procura de abastecimento de água segura e o desgaste das infra-estruturas hídricas, é necessário um instrumento inovador para fornecer a água sustentável de que as sociedades actuais necessitam. Na era atual, com a quarta revolução industrial, as organizações governamentais e privadas de todo o mundo foram forçadas a conceber medidas inteligentes e a criar infra-estruturas sustentáveis para garantir a segurança e a gestão da água. Finalmente, aplicações como a distribuição justa da água entre todas as pessoas, o processamento e a análise da qualidade da água e a medição inteligente das suas propriedades através de sistemas de deteção e previsão, o controlo do desperdício de água e a eliminação da diferença de pressão, das fugas e dos danos nas infra-estruturas. O abastecimento de água e... foram assegurados. O sector agrícola é um dos sectores económicos mais importantes do país, que é o maior consumidor de recursos hídricos do país. Por conseguinte, é muito importante examinar as condições históricas deste sector, a fim de se concentrar nas principais dimensões do ambiente e dos seus recursos hídricos. A presente investigação baseia-se no método de pesquisa qualitativa e centra-se numa abordagem de revisão e, com base nos dados, informações e infográficos preparados pela FAO, é apresentada uma análise das condições históricas do sector agrícola do país à escala nacional. As investigações mostraram que um dos desafios dos recursos hídricos no sector agrícola está relacionado com a poluição dos recursos hídricos e especialmente com o uso de fertilizantes no sector agrícola. A tendência a longo prazo do consumo de fertilizantes nos diferentes continentes mostra que o consumo mais elevado se verifica no continente asiático e, no Irão, esta tendência tem vindo a aumentar no último período de longo prazo. Outro desafio ambiental relacionado com o sector agrícola são os resíduos deste sector. Numa situação em que as fontes de água consumidas para produzir estes resíduos, não só a utilização inadequada de biomassa e de materiais orgânicos no sector agrícola prejudica o sector hídrico do país, mas também a queima de resíduos agrícolas (que tem tido uma ascendente a longo prazo) e o aumento da quantidade de emissões de gases com efeito de estufa, as estatísticas das emissões do país também aumentam. e a quota do país no domínio das emissões de gases com efeito de estufa e, consequentemente, o aquecimento global e as alterações climáticas e as consequências relacionadas com este fenómeno (incluindo as consequências relacionadas com os recursos hídricos) aumentarão. Por conseguinte, é necessário planear seriamente a utilização adequada da biomassa e dos materiais orgânicos dos resíduos agrícolas ao nível da regulamentação e da aplicação, privilegiando uma abordagem tecnológica. A crise da água é um dos principais problemas que a humanidade enfrenta atualmente. A falta de atenção a esta questão e a utilização sem princípios dos recursos hídricos podem constituir uma séria ameaça para o ecossistema. Considerando que a irrigação de paisagens e espaços verdes é um dos principais consumos de água nas cidades, devemos dar especial atenção a esta abordagem, especialmente em ambientes secos. . Os resultados mostram que, de acordo com esta abordagem no projeto paisagístico, é possível reduzir significativamente a dependência dos recursos hídricos urbanos, o que pode ajudar a reduzir, em certa medida, os efeitos da seca nas cidades. Uma das principais causas dos problemas ambientais, especialmente no domínio da gestão dos recursos hídricos, é a falta de participação e a falta de sentido de responsabilidade das pessoas, tanto a nível individual como social. A participação do público é um dos factores-chave para o êxito da gestão integrada dos recursos hídricos. A participação das partes interessadas locais na tomada de decisões, especialmente em questões que afectam diretamente o bem-estar humano, é de particular importância. Quando as pessoas se envolvem na gestão dos recursos hídricos. É mais fácil e rápido efetuar alterações nas suas funções que tenham um impacto negativo na gestão dos recursos hídricos. Por outro lado, as comunidades locais. dispõem de informação Existem experiências e ideias importantes que podem ser úteis para resolver o problema da gestão dos recursos hídricos. A participação pública também aumenta a das pessoas para a importância do desenvolvimento sustentável e da integração de considerações sociais e ambientais na gestão integrada dos recursos hídricos. A história mostra que muitos fracassos na gestão dos recursos hídricos ocorreram devido à forma de encarar a água como um bem gratuito e não como um bem social e económico. Alguns outros benefícios incluem: combinar conhecimentos especializados, encorajar soluções mais inovadoras para resolver problemas devido a uma maior diversidade de perspectivas, encorajar a cooperação e reduzir o risco de conflito sobre os recursos hídricos, e desenvolver soluções inclusivas e democráticas, resultando num apoio generalizado e em resultados sustentáveis. A abordagem do comércio virtual da água, que dá importância ao consumo de água na produção e no consumo de vários bens, tem vindo a ser levantada e discutida nas últimas duas décadas e trata questão da quantidade de água utilizada por cada produto produzido ou consumido. Com base neste conceito, o comércio virtual de água tornou-se importante e os países estão interessados em saber quanta água exportam ou importam no comércio de bens agrícolas e industriais. Quanto é que dependem dos recursos hídricos nacionais para garantir a segurança alimentar e os bens de que necessitam? Atualmente, o comércio virtual de água como uma das abordagens da gestão dos recursos hídricos tem atraído a atenção de muitos países e foram realizados muitos estudos a este respeito. Através da revisão de estudos nacionais e de experiências globais, é avaliada a posição do comércio virtual de água na gestão dos recursos hídricos e são apresentadas sugestões para a utilização deste instrumento na gestão dos recursos hídricos do país. Os resultados das investigações mostram que o comércio virtual de água através da troca de bens agrícolas, tanto nacionais como estrangeiros, é uma solução que pode ser utilizada para prevenir a crise e a escassez de água a nível nacional, regional e global e evitar as suas consequências. Tornou-se negativo do ponto de vista económico, social e político. Além disso, a troca consciente de água virtual como medida básica na gestão dos recursos hídricos, juntamente com reformas lógicas na estrutura da agricultura, garantirá a segurança alimentar a longo prazo e o consumo sustentável de água no Irão. A água é uma das substâncias mais importantes do planeta, a seguir ao ar. Pode dizer-se que é considerada uma das fontes mais importantes do ambiente e que a saúde de todos os organismos, incluindo plantas, animais e seres humanos, depende da água. Mais de três quartos da Terra estão cobertos por água, mas é de notar que a maioria destas águas contém sal e apenas um por cento da água total disponível é doce e utilizável. A água desempenha um papel muito importante na vida quotidiana de todos os seres humanos, incluindo a limpeza, a bebida, a lavagem, a rega das plantas, a agricultura, etc. , não é necessário consumir parte água em casa ou no local de trabalho, e uma grande quantidade dessa água é desperdiçada, e muitas pessoas poluem-nas enquanto utilizam água potável e não potável, e os riscos de compensação trazem inevitabilidade ao ecossistema no futuro. Tendo em conta que o Irão é considerado uma das regiões secas e desérticas e que a quantidade de precipitação e o volume de água no Irão não são suficientes, a longo prazo existe a possibilidade de cortar as reservas de água doce, pelo que é necessário consumir água tanto em termos de alimentos como de bebidas. E que poupança não alimentar. Um dos factores que deve ser tido em conta é o perigo que a água poluída representa para a vida humana, especialmente para as crianças, que discutiremos mais adiante. O Irão, com a sua rica história de gestão dos recursos hídricos, vê-se agora confrontado com a falência da água. Os recursos hídricos superficiais e subterrâneos do país estão sob pressão devido clima seco e semi-árido, bem como à sobre-exploração. Esta situação deve-se à alimentação insuficiente dos aquíferos e ao aumento da procura de recursos hídricos para diversos fins. A falta de legislação actualizada ou de legislação incompleta e transitória em matéria de gestão dos fenómenos da seca, da erosão e das inundações é um dos desafios importantes dos recursos hídricos e do solo. A falta de atenção à gestão das bacias hidrográficas e a ausência de uma gestão global das bacias hidrográficas intensificaram a instabilidade da gestão dos recursos hídricos e dos solos nas bacias. Por conseguinte, a realização de medidas de gestão das bacias hidrográficas deve ser considerada como uma necessidade inevitável no país. A medição e monitorização a longo prazo dos sistemas hidrológicos e o arquivo dos dados resultantes é uma das actividades mais importantes levadas a cabo pelos gabinetes de estudos básicos dos recursos hídricos nas companhias regionais de água, cujo objetivo final é fornecer a informação necessária para os cálculos de equilíbrio e para o planeamento e gestão. Recursos hídricos integrados. Um dos principais desafios e questões-chave na medição e monitorização dos recursos hídricos é a forma de gerar e transferir dados, o armazenamento e a partilha entre os departamentos que utilizam os dados. Tendo em conta o crescimento da procura de água e a diminuição gradual da quantidade e qualidade dos recursos hídricos, é necessário afetar os recursos hídricos com base na quantidade de água renovável. O cálculo da água renovável requer o "estabelecimento de um equilíbrio nas zonas de captação". Se a precisão e a rapidez dos cálculos de equilíbrio forem aumentadas, os seus resultados podem ser utilizados para melhorar as abordagens de tomada de decisão, desenvolver planos mais fortes, monitorizar o estado dos recursos hídricos e, finalmente, desenvolver a sustentabilidade. Neste sentido, a fim de considerar os resultados e a informação analítica adequada para a gestão, bem como para aumentar a precisão e a rapidez no cálculo das componentes do balanço, o sistema de balanço foi concebido e lançado numa plataforma baseada na Web. A água é um dos recursos naturais mais valiosos que é utilizado em vários sectores, e como um dos principais factores de produção para a produção de produtos agrícolas, tem um lugar especial no desenvolvimento sustentável da agricultura. Atualmente, o consumo de água é superior às suas fontes de abastecimento e a maior parte do consumo de água verifica-se no sector agrícola. Por conseguinte, qualquer alteração ou melhoria na gestão da água afectará o desenvolvimento da agricultura. A relação entre a gestão dos recursos hídricos e o desenvolvimento agrícola é de particular importância. Além disso, foi utilizada a análise de correlação focal para investigar a contribuição e a posição da gestão dos recursos hídricos no desenvolvimento agrícola. Para o efeito, começaram por ser identificados indicadores de desenvolvimento agrícola e de gestão dos recursos hídricos. Na etapa seguinte, utilizou-se a análise fatorial para reduzir os indicadores a um número mais reduzido de estruturas subjacentes e de indicadores efectivos, tendo os factores resultantes sido utilizados como input na análise de correlação focal. Os resultados mostram que, embora exista uma relação bidirecional entre a gestão da água e o desenvolvimento agrícola, devido à importância dos recursos hídricos no desenvolvimento agrícola, é necessário levar a sério os indicadores de utilização sustentável dos recursos hídricos no planeamento do desenvolvimento. O presente estudo examina as dimensões do sistema. A tarifação da água de rega é considerada como um dos instrumentos económicos mais importantes na gestão integrada dos recursos hídricos ao nível das bacias hidrográficas. A partir da comparação destes dois preços com a taxa tarifária existente, foi introduzida uma abordagem adequada para a tarifação da água para fins agrícolas. Os resultados mostraram que o preço sombra de cada metro cúbico de água agrícola é inferior ao seu custo. Por conseguinte, a fixação de preços com base no recebimento de todos os custos de abastecimento, transmissão e distribuição da água agrícola não é uma opção adequada para a fixação de preços, e a aplicação desta política , em conformidade com a gestão integrada dos recursos hídricos, exige que o governo apoie o sector agrícola e aplique uma política de preços preferenciais a longo prazo. A humanidade está ameaçada devido à falta de água doce, à sua baixa qualidade e ao aumento do stress hídrico em todo o mundo. A gestão adequada dos recursos hídricos é muito importante para garantir um desenvolvimento social e económico sustentável em qualquer país. A fim de manter os recursos de água doce de forma sustentável, estes devem ser utilizados de forma eficiente, sem comprometer as necessidades das gerações futuras. O presente estudo foi efectuado com vista à gestão sustentável dos recursos hídricos subterrâneos. Para este efeito, foram utilizados quatro indicadores de vulnerabilidade, resiliência, fiabilidade e estabilidade combinada, cada um dos quais inclui aspectos de sustentabilidade, como função objetivo das questões de gestão. Utilizando o modelo combinado de simulação-otimização do aquífero da planície de Namdan e o algoritmo de meta-exploração da comunidade de formigas, foi criado o modelo de decisão necessário. Os resultados indicaram a eficácia dos quatro indicadores de vulnerabilidade, resiliência, fiabilidade e estabilidade combinada no aumento do nível de água subterrânea e alterações positivas no equilíbrio; atualmente, a investigação científica é conduzida sobre os tipos de correlação, especialmente a correlação água-energia-alimentos como recursos de infra-estruturas. O desenvolvimento e a força motriz para melhorar o bem-estar da sociedade estão a expandir-se. Uma vez que o ensino da abordagem relativamente nova da correlação requer a cooperação de vários domínios especializados, é necessário explicar os conceitos e rever a literatura sobre o assunto, com uma visão especial sobre correlação água-energia-alimentos. Os alimentos e as questões relacionadas com esta abordagem foram compilados com o objetivo de fornecer uma visão prática para a elaboração de políticas e avaliar as condições actuais no país. Em geral, é difícil implementar a abordagem de nexus, especialmente o nexus água-energia-alimentos, que cria um sistema muito complexo e deve ser considerado a partir das dimensões política, social e económica. No entanto, a abordagem de correlação está a tornar-se uma componente importante do planeamento do desenvolvimento, cujo sucesso requer a orientação de políticas estratégicas e estruturas institucionais na governação a vários níveis, e parece que os países devem modificar as suas estruturas de governação de acordo com a abordagem de correlação. Outra questão que mereceu especial atenção é a diferença entre a abordagem do nexo água-energia-alimentos e a abordagem da gestão interligada dos recursos hídricos, de tal que as dúvidas sobre a necessidade de passar da gestão interligada dos recursos hídricos para o nexo água-energia-alimentos devem ser respondidas. A origem da crise da seca é a sobrecolheita e o aquecimento global. A gestão abrangente dos recursos hídricos, devido à natureza complexa das questões relacionadas com a água, ao rápido crescimento da população, à necessidade de água para vários fins e à limitação dos recursos hídricos, exige métodos que reúnam perspectivas técnicas, económicas, ambientais, sociais e lógicas num formato integrado. a fazer Um dos instrumentos de gestão abrangente dos recursos hídricos é a utilização de métodos hidrológicos económicos para simular a situação atual das bacias hidrográficas e examinar os efeitos de diferentes cenários e políticas. Neste estudo, foi utilizado um modelo económico-hidrológico para simular a situação hidrológica da planície de Mashhad e investigar os efeitos de diferentes cenários. Na etapa seguinte, para chegar a um acordo com as partes interessadas sobre a aplicação de diferentes cenários de proteção, foi utilizado o modelo baseado em agentes. Os resultados do modelo hidrológico-económico mostraram que, através da adoção de cenários adaptativos, é possível reduzir a procura de água do sector agrícola e, consequentemente, o consumo de água superficial e subterrânea neste sector. Além disso, a implementação de diferentes cenários adaptativos irá alterar o atual padrão de cultivo. Por outro lado, os resultados da modelação baseada em factores mostraram que existe uma grande diferença entre a quantidade de água disponível devido a estratégias e a procura de água, o que fará com que os agricultores não cooperem com a implementação de cenários de conservação. Mas, através da aplicação de políticas de incentivo, alguns agricultores representativos podem ficar satisfeitos com a implementação de cenários de adaptação. A gestão optimizada dos recursos hídricos superficiais e subterrâneos através de um modelo de simulação híbrido visa aumentar a estabilidade do sistema de recursos hídricos subterrâneos e reduzir os problemas hídricos. Neste estudo, foi apresentado um modelo de simulação híbrido, segundo o qual, em primeiro lugar, o melhor local de alimentação artificial foi determinado pelo método difuso e ponderado utilizando o modelo GIS na planície de Shahriar. Em seguida, foi utilizado o modelo hidráulico HEC-RAS para calcular o parâmetro (o rácio entre a descarga de infiltração e a descarga de cheia) no rio. Na etapa seguinte, foram definidos pelo modelo HEC-HMS dois modelos independentes para as tendências de inundação no rio e nos reservatórios do sistema de alimentação artificial. No primeiro modelo, o parâmetro da razão entre o caudal de infiltração e o caudal de cheia foi utilizado no método de Massingham-Kange para determinar a tendência de cheia no rio, e a quantidade de cheia que entra no plano de alimentação artificial foi estimada. No segundo modelo, a tendência de inundação foi feita nos reservatórios do plano de alimentação e a quantidade de infiltração, armazenamento e alimentação foi pelo plano. Por fim, a quantidade de alimentação no plano de alimentação artificial foi simulada através do modelo de rede neural artificial, tendo sido estimado o desempenho do sistema de alimentação artificial e as alterações do nível das águas subterrâneas. De acordo com a análise de fase e de peso, foi considerado o melhor local para a alimentação artificial do cone aluvial no norte da planície.

Atualmente, o aumento da concorrência para obter água doce em diferentes sectores provocou a redução da água disponível para a agricultura, incluindo os espaços verdes urbanos. O sector agrícola está sob pressão crescente para conservar a água e utilizá-la de forma eficiente. Este sector é criticado por ter a maior parte dos recursos hídricos do país, mas obter o menor retorno em comparação com outros sectores. Um dos factores limitantes para a expansão dos espaços verdes é a falta de fontes de água acessíveis. Por outro lado, a expansão do atual espaço verde para atingir os padrões globais de espaço verde urbano per capita irá aumentar a vegetação existente, o que por si só significa um aumento da necessidade de recursos hídricos. Uma dessas fontes são as chuvas, que estão a ficar rapidamente fora de alcance. Atualmente, a análise da produção de produtos agrícolas deve basear-se no princípio de quanta água, quanto produto é produzido e calcular o aumento da produção por unidade de água consumida. A aplicação de uma gestão adequada e a utilização de técnicas avançadas para manter a reserva de humidade do solo e aumentar a capacidade de retenção de água utilizada nos espaços verdes urbanos são algumas das medidas eficazes para aumentar a eficiência da irrigação e, assim, melhorar a utilização dos recursos hídricos limitados do país. Devem ser investigadas soluções para melhorar a eficiência do consumo de água em condições de escassez de água e de seca neste país. Tendo em conta a escassez de recursos hídricos nas últimas décadas, o acesso a uma água cada vez mais saudável tem sido prioritário nos projectos de investigação, pelo que a reutilização das águas residuais e a sua salubridade é uma das necessidades destes projectos. Neste sentido, a utilização benéfica das águas residuais como uma das fontes de água para o equilíbrio dos recursos hídricos e a gestão do controlo e eliminação da drenagem das águas foi considerada nesta investigação. O problema da afetação óptima dos recursos hídricos é uma das questões mais importantes no domínio da gestão e da exploração dos recursos hídricos . Nesta investigação, a gestão dos recursos hídricos para uma atribuição óptima a diferentes consumidores foi investigada utilizando o método de planeamento probabilístico em duas fases com parâmetros abertos e difusos (IFTSP) em condições de incerteza. Este método considera incertezas sob a forma de parâmetros abertos, probabilísticos e fuzzy no modelo de investigação. Neste modelo, para além dos poços, nascentes e aquedutos, sob a forma de um cenário, as águas residuais tratadas são também consideradas como parte das fontes de água alocáveis. Além disso, a taxa de desperdício de água na rota de transferência, a água restante no tanque do período anterior e para o período seguinte e os parâmetros relacionados com o tratamento de águas residuais foram incluídos no modelo do problema. Nos últimos anos, a limitação dos recursos hídricos e energéticos e a sua utilização desfavorável e antieconómica tem sido o principal fator limitativo do desenvolvimento do país. Por um , a população e os sectores relacionados cresceram significativamente. Por outro lado, o movimento crescente dos diferentes sectores de consumo não tem estado necessariamente alinhado com o desenvolvimento dos recursos hídricos. Por outras palavras, o aumento da procura de água e de energia no país tem sido acompanhado por uma grave destruição quantitativa e qualitativa dos recursos hídricos. Além disso, o clima árido e semi-árido que prevalece no país e a falta de precipitação e, consequentemente, a falta de recursos hídricos criaram desafios para o desenvolvimento sustentável. Um instrumento de gestão para o controlo quantitativo e qualitativo dos recursos hídricos é a utilização de ferramentas de gestão em linha e actualizadas e a sua utilização sob a forma de um observatório da água e da energia para uma gestão optimizada dos recursos e das utilizações; e sempre se sublinhou que a monitorização e a avaliação dos recursos hídricos e do consumo serão a chave para o êxito da gestão da água. Em consonância com a gestão optimizada e a avaliação em linha dos recursos hídricos e do consumo em diferentes partes do desenvolvimento do Observatório da Água e da Energia, ao mesmo tempo que se melhora o "estado dos dados e da informação", criam-se condições adequadas em termos de "planeamento", "gestão dinâmica" e "como interagir com a organização". É igualmente possível reduzir ou aumentar a afetação de água a diferentes unidades, aplicando cenários em linha em condições específicas de tempo e lugar. Além disso, ao otimizar os recursos e as despesas, é necessário prestar atenção ao limiar de risco. Durante as secas da última década, a Organização da Água e da Eletricidade do Khuzistão mudou gradualmente a sua abordagem à distribuição de água, passando da gestão da oferta (abastecimento), que estava associada a uma baixa produtividade, para a gestão da procura (consumo). Deste modo, quando o caudal é libertado da barragem a montante, o controlo das retiradas (consumidores) no rio a jusante da barragem, devido à falta dos instrumentos necessários (balcões de gestão, etc.), só é feito recorrendo às experiências e aos pareceres dos gestores e peritos relevantes, o que é feito com atraso e, se um ponto do rio se depara com uma escassez de água, essa escassez é compensada principalmente pelo aumento da libertação do caudal da barragem (abastecimento a partir da fonte). O objetivo do presente estudo é simular os efeitos das alterações climáticas nos recursos hídricos subterrâneos utilizando a abordagem do sistema dinâmico. Esta abordagem avalia e analisa as políticas no domínio da água através do processo de modelação do sistema dinâmico e da simulação dos efeitos dos cenários. A água é um dos maiores desafios do século atual para a humanidade, que pode ser a fonte de muitas mudanças positivas e negativas no mundo. A falta de uma distribuição adequada da precipitação e o desfasamento entre as necessidades de consumo e o tempo de precipitação, bem como a forte necessidade de investir no armazenamento, monitorização e proteção dos recursos hídricos, tornam as dimensões dos desafios da água cada vez pesadas. Com a crescente preocupação com a ocorrência rápida e súbita de secas e outras condições de escassez de água em diferentes partes do mundo, os cientistas estão a procurar novas formas de gerir os recursos hídricos. Devem adotar uma nova abordagem para conceber e manter os actuais sistemas de gestão dos recursos hídricos. Atualmente, o crescimento crescente da inteligência artificial e a sua entrada em vários domínios industriais não é segredo para ninguém; o sector da água e dos esgotos é um dos casos que pode utilizar as muitas vantagens desta tecnologia. Através do cálculo do balanço dos recursos hídricos subterrâneos em anos húmidos, secos e normais, investigou-se a estabilidade dos recursos hídricos utilizando indicadores de sustentabilidade. Considerando que o presente estudo procura conceber um modelo de cultivo ótimo com ênfase na sustentabilidade da agricultura e dos recursos hídricos, juntamente com a maximização da eficiência do programa, é necessário utilizar modelos de planeamento multiobjectivo, incluindo o planeamento multiobjectivo deficitário. Os recursos hídricos subterrâneos constituem a maior reserva acessível de água doce do planeta. No entanto, devido às suas limitações e ao aumento do consumo, não tardará muito para que o mundo enfrente uma crise de escassez de água. Por isso, é necessário estudar a forma de utilizar eficientemente e gerir corretamente os recursos hídricos subterrâneos. A gestão baseada no custo de extração é um dos métodos de gestão mais comuns na extração de água de fontes subterrâneas. Neste tipo de gestão, os recursos hídricos são utilizados até que o custo final seja igual ao lucro final. Ao implementar este tipo de gestão na planície de Ajab Shir, a quantidade de extração de água da fonte subterrânea desta área foi determinada ao longo do tempo. Desta forma, a poupança no consumo de água e a substituição de novas fontes de água para consumo no sector agrícola irão restaurar o lençol freático e melhorar o seu estado. Hoje em dia, com a redução dos recursos hídricos disponíveis e a intensificação dos conflitos entre os utilizadores dos recursos hídricos, a questão da resolução de conflitos e da gestão sustentável dos recursos hídricos nos programas de proteção da água, especialmente no sector agrícola, é de grande importância. A este respeito, os investigadores têm envidado grandes esforços através do fornecimento de múltiplos quadros conceptuais, bem como da utilização de várias ferramentas e métodos de simulação e otimização. A revisão destes estudos mostra que a implementação das políticas e soluções necessárias no domínio da gestão dos recursos hídricos no sector agrícola não será eficaz sem a participação dos agricultores. Assim, no presente estudo, foi desenvolvida uma estrutura concetual para investigar o comportamento cooperativo dos agricultores e foi avaliado o papel e a importância das empresas baseadas no conhecimento neste processo. A estrutura concetual apresentada no presente estudo segue um modelo baseado em agentes, de acordo com a revisão da literatura nesta área, em que as empresas baseadas no conhecimento podem atuar como braços executivos e de controlo das políticas. Os resultados deste estudo mostraram que é possível desempenhar um papel importante na gestão sustentável e na resolução de conflitos dos recursos hídricos através da utilização do mecanismo proposto neste estudo e da criação de empresas de serviços baseadas no conhecimento neste domínio. Por conseguinte, não se pode esperar o sucesso de padrões óptimos de atribuição de água ao nível da exploração agrícola ou de planos como a criação de redes de irrigação, a transferência de água e sistemas de irrigação modernos sem analisar o comportamento dos agricultores através de empresas baseadas no conhecimento e na especialização e sem avaliar as estratégias motivacionais do governo. A necessidade de produzir produtos agrícolas, por um lado, e a limitação dos recursos hídricos, como fator importante na produção agrícola, por outro, levaram ao agravamento da escassez de água em muitas partes do mundo. A Organização Internacional de Gestão da Água (IOM) previu a possibilidade de aumentar a produção de alimentos no mundo, enfatizando a gestão da água de irrigação através do desenvolvimento de terras de sequeiro. No presente estudo, considerando o papel eficaz da abordagem de desenvolvimento da agricultura de sequeiro no planeamento e na gestão optimizada dos recursos hídricos, utilizando o modelo hidrológico SWAT para avaliar a distribuição temporal e espacial do armazenamento de humidade no solo, a fim de monitorizar as áreas susceptíveis e reduzir a incerteza da agricultura de sequeiro, ao nível seguinte Foram discutidas as bacias hidrográficas da bacia hidrográfica de Khorramabad. Hoje em dia, a realização do plano de gestão dos recursos hídricos tornou-se um objetivo vital; uma das formas de atingir este objetivo é prestar atenção suficiente aos conhecimentos indígenas e às iniciativas locais compatíveis com as condições ambientais. Os povos indígenas têm capacidades especiais no que diz respeito ao conhecimento e à utilização de experiências; este conhecimento tem origem na interação entre a sociedade e o ambiente e tem sido transmitido através das gerações. Apresentar e explicar o lugar do conhecimento indígena e das iniciativas locais na gestão consuetudinária dos recursos hídricos na planície de Ghazir. As iniciativas locais na gestão da água são actividades colectivas especiais que não têm ajuda e incentivos externos e que visam controlar as águas subterrâneas e superficiais.

Atualmente, as barragens subterrâneas desempenham um papel importante na gestão dos recursos hídricos subterrâneos em zonas que enfrentam uma crise de água. Por outro lado, a construção de barragens subterrâneas não necessita de armazenamento à superfície e não altera o uso do solo e o ecossistema existente. Utilizando modelos de água subterrânea, é possível simular o comportamento futuro do lençol freático subterrâneo e prever as alterações no comportamento do aquífero face a várias condições, incluindo a construção de uma barragem subterrânea. Atualmente, a sociedade humana debate-se com ameaças fundamentais no domínio da produção, abastecimento e distribuição de água, energia e alimentos. O nosso país não é exceção a esta regra. A localização geográfica do Irão, numa região semi-árida, tornou o país particularmente vulnerável em termos de recursos hídricos. A extensão e a complexidade das ligações entre os recursos hídricos e outros domínios têm desafiado a gestão e a elaboração de políticas neste domínio, e o risco de políticas sectoriais, sem considerar as suas consequências noutros domínios, exige uma abordagem integrada e holística neste domínio. É necessário um contexto. A abordagem integrada da rede água-energia-alimentos tem recebido atenção nos últimos anos em todo o mundo para facilitar a elaboração de políticas neste domínio. A implementação de tal visão requer métodos apropriados. Entre estes, a abordagem da dinâmica dos sistemas pode ser utilizada como uma ferramenta eficaz, uma vez que tem a capacidade de explicar e analisar a relação complexa de múltiplas variáveis com relações não lineares. A presente investigação desenvolveu um modelo concetual e operacionalizou-o, considerando e explicando as ligações na rede água-energia-alimentos. Os resultados mostram que, se a situação atual se mantiver num futuro próximo, o nível das águas subterrâneas na região atingirá uma fase crítica e poderá constituir uma séria ameaça à sobrevivência da vida na região. As intervenções potenciais de gestão e os seus resultados na alteração desta situação foram medidos pelo modelo de investigação. Os resultados mostram que a alteração do consumo de água na agricultura através da seleção inteligente de culturas para cultivo e da otimização dos sistemas de irrigação, juntamente com o desenvolvimento do sistema de esgotos urbanos, são as soluções mais eficazes na redução do processo de análise dos recursos hídricos subterrâneos. Examinou os factores e componentes relacionados com a gestão integrada dos recursos hídricos do país que afectam a segurança hídrica do país do ponto de vista dos planeadores, gestores de topo, professores e peritos universitários no domínio da água e parlamentares e analisando as experiências de outros países do mundo e, de acordo com as condições, o Irão deve apresentar um modelo adequado e examinar o seu efeito na segurança hídrica do país. Para o efeito, em primeiro lugar, através da análise de diferentes e diversos pontos de vista internacionais, por um lado, e dos resultados das cimeiras e conferências mundiais sobre a água, por outro, e comparando-os e categorizando-os, foi selecionado o conceito abrangente e o obstáculo da gestão integrada dos recursos hídricos e da segurança da água. Em seguida, com base em fontes internacionais e nos documentos a montante aprovados pela gestão dos recursos hídricos do país, foram selecionados e calculados indicadores eficazes para estes dois conceitos. Com base na consulta dos gestores de recursos hídricos superiores do país, professores universitários, gestores agrícolas superiores e peritos em recursos hídricos do país, utilizando modelo de tomada de decisão multi-critério no espaço difuso, foram obtidos os principais indicadores da gestão integrada dos recursos hídricos e da segurança da água e foi explicado o grau da sua correlação. . Finalmente, o modelo e o modelo concetual de gestão integrada dos recursos hídricos com ênfase na segurança da água no país foram apresentados utilizando todas as referências internacionais e documentos a montante do sector da água. Evidências como a seleção selectiva e a identificação de necessidades desnecessárias dos funcionários, a realização de numerosos cursos de formação não relacionados, a deterioração da confiança e a redução da participação de funcionários e gestores em programas de formação, a incapacidade de cultivar as competências desejadas da organização e o desperdício de recursos financeiros são indicativos desta afirmação. Por conseguinte, embora muito material tenha sido escrito sobre a categoria de avaliação das necessidades educativas nos últimos anos, é necessário que os funcionários e especialistas em educação tenham em conta os objectivos, o âmbito da investigação, o orçamento, o tempo e a equipa de avaliação das necessidades educativas, no âmbito da estratégia e da direção. As decisões organizacionais devem escolher e utilizar técnicas adequadas para compreender as suas necessidades educativas. O crescimento demográfico e a consequente necessidade de mais recursos hídricos para consumo e saúde, agricultura e indústria, a gestão dos recursos hídricos tem enfrentado o desafio de uma distribuição equitativa dos recursos hídricos do país e de um abastecimento atempado das necessidades. A limitação dos recursos hídricos face às necessidades crescentes em bacias com climas áridos e semi-áridos tem provocado conflitos entre os intervenientes em diferentes zonas da bacia hidrográfica, o que resulta numa competição negativa para se apoderar do maior número possível de recursos hídricos, independentemente dos efeitos ambientais. O ambiente a jusante, especialmente as necessidades de água das zonas húmidas e dos lagos. A continuação das condições de seca bacia reduziu a quantidade de precipitação e os caudais superficiais que entram no lago, continuou o processo de redução do nível de água do lago e criou uma crise ambiental na região. Para uma gestão realista em tais condições, o primeiro e mais importante passo é determinar o limiar de cada nível de seca com base no afluxo ao lago. Nesta investigação, em primeiro lugar, a entrada mínima de água no lago foi estimada como o requisito ambiental mínimo do lago, apresentando um novo método baseado na análise da série histórica dos caudais de entrada no lago em diferentes níveis de seca como valores-limite para a tomada de decisões em condições futuras. As condições actuais da albufeira (entradas actuais de acordo com os planos de exploração existentes na bacia e as colheitas tradicionais actuais) foram analisadas com o método da dinâmica de sistemas e o afluxo à albufeira foi estimado em diferentes cenários. Em seguida, os valores de afluência à albufeira foram comparados com os limiares de seca estabelecidos. Os resultados da modelação da albufeira sob a influência dos planos de exploração e das actuais retiradas indicam que, se as condições da entrada da albufeira não se alterarem e o atual processo de retirada continuar, mesmo sem a expansão da captação ou a construção de uma nova barragem, a quantidade média de entrada na albufeira é quase equivalente à entrada histórica moderada em condições de seca. Por outras palavras, se as actuais colheitas não forem organizadas, a albufeira não conseguirá sair das condições de seca hidrológica a longo prazo. Por conseguinte, é necessário estabelecer um compromisso entre a manutenção do desenvolvimento atual resultante das colheitas agrícolas tradicionais e dos planos de desenvolvimento dos recursos hídricos e a manutenção das entradas necessárias para a continuação da vida da albufeira. Nas últimas décadas, devido às actividades humanas, os ecossistemas aquáticos sofreram uma grande destruição. Durante os últimos anos, devido a várias razões, incluindo o crescimento dos indicadores económicos, da população, dos sedimentos, etc., o lago tem sofrido problemas ambientais e sociais. O objetivo desta investigação é avaliar a dimensão socioeconómica e política da bacia do lago Zaribar com vista à sua gestão integrada. Devem ser criadas plataformas baseadas na participação de todas as partes interessadas, de modo a equilibrar os interesses sócio-económicos-políticos das comunidades locais com o sistema integrado do ecossistema da bacia hidrográfica e também levar à explicação dos problemas do ponto de vista de todas as partes interessadas e à sua sensibilização para a sustentabilidade do ecossistema do lago. Conhecer as partes interessadas organizacionais é um dos requisitos para implementar os planos e práticas de gestão cooperativa dos recursos hídricos. Com base no método de análise de redes, com uma visão abrangente e mensurável, podem ser estudados os padrões estruturais resultantes das relações mútuas dos diversos stakeholders de um sistema complexo e multifacetado e verificado o seu papel para o estabelecimento de um sistema interligado e cooperativo de recursos hídricos. Esta pesquisa tem como objetivo utilizar o modelo de análise de redes para compreender a estrutura de poder e como ela se distribui em função das relações e da organização das instituições envolvidas na gestão dos recursos hídricos na planície de Garmsar. Finalmente, com base nos índices de centralidade de grau, centralidade de intermediação e centralidade de vetor próprio e centralidade beta, determinou-se o poder, a influência e a capacidade de controlo de cada pessoa envolvida na rede . Os resultados desta investigação mostram o desequilíbrio da estrutura de poder dos intervenientes organizacionais para a criação de um sistema de gestão cooperativa dos recursos hídricos. As reservas subterrâneas de água no Irão são uma das principais fontes de abastecimento de água. Com o avanço da tecnologia, a exploração destas reservas aumentou muito nas últimas décadas, de modo que a água extraída é geralmente mais do que a capacidade de água renovável fonte, o que levou ao declínio do nível de água subterrânea e à redução destas reservas, levando a consequências negativas. Atualmente, os modelos de decisão com o quadro integrado de modelos de simulação-otimização podem ser utilizados para a gestão adequada dos recursos hídricos subterrâneos. Para este efeito, de acordo com as condições hidroclimáticas existentes, são selecionados cenários de adaptação no sector agrícola e, utilizando os resultados do modelo de avaliação e planeamento dos recursos hídricos (WEAP), são calculados os indicadores de risco em cada cenário com base em relações matemáticas. A fim de estabelecer prioridades e escolher a melhor opção, os cenários de compatibilidade são considerados como opções e os indicadores de risco como critérios em dois métodos de tomada de decisão multicritério, o copperas e o copperas cinzento. O progresso e a melhoria das previsões numéricas levaram os planeadores e os operadores dos sistemas de recursos hídricos a prestar mais atenção a esta informação. A maioria das avaliações no domínio das previsões sazonais baseia-se em dados de estações terrestres ou em dados de grelha. A relativa limitação dos recursos hídricos e a excessiva queda dos recursos hídricos subterrâneos nas planícies do país tornaram necessário prestar atenção à gestão integrada dos recursos hídricos. O aumento das necessidades de água nas últimas décadas, combinado com as flutuações climáticas, bem como a existência de diferentes partes interessadas com objectivos e desejos contraditórios, complicaram o processo de atribuição de água. A implementação de planos e projectos de transferência de água é feita principalmente por notificação, mas, no momento da implementação, a informação relacionada com estes planos, incluindo o montante real dos mesmos e a forma de os distribuir pelos beneficiários, não é clara. Os resultados mostram que, se o Ministério da Energia se concentrar unilateralmente no valor económico da água e não prestar atenção aos aspectos sociais, jurídicos e ambientais, mesmo com a implementação deste plano nacional, não terá o desejo de realizar os direitos à água dos agricultores ou o cowshed internacional. É necessário compreender as normas éticas para entender a crise da água e ter um comportamento de conservação da água na sociedade atual. O objetivo da investigação foi desenvolver a teoria do comportamento planeado e quantificar os seus componentes, a fim de avaliar as normas éticas que regem a gestão cooperativa dos recursos hídricos. A adição de uma componente ética à teoria é importante para promover comportamentos cooperativos de conservação da água. De acordo com os diagramas de boxplot e os coeficientes de caminho do modelo, a maioria dos inquiridos tem um elevado compromisso moral para participar na conservação da água, o que mostra que se consideram responsáveis pelos recursos hídricos locais. Além disso, o nível de aceitação social dos inquiridos relativamente à opção política de exploração cooperativa dos recursos hídricos é superior ao nível médio, e a faixa de incerteza da aceitação social das componentes da investigação indica uma coordenação interna para a adoção da opção política de exploração cooperativa da água. Para além dos factores naturais, uma das principais causas do agravamento da crise da água potável no mundo é o crescimento da urbanização e o consequente aumento da população em muitas áreas urbanas. A este respeito, o tipo de desenvolvimento do espaço residencial da cidade tem tido um impacto significativo na gestão dos recursos de água potável desta cidade, o que, por sua vez, é eficaz no seu desenvolvimento sustentável. Os métodos actuais de cálculo da água potável nas cidades para o futuro baseiam-se, na sua maioria, em cenários de crescimento demográfico e centram-se na análise das taxas de crescimento demográfico sem considerar a capacidade de desenvolvimento físico da população. Hoje em dia, o crescimento da população, bem o aumento do nível de bem-estar social, provocou um aumento das várias e imprevisíveis exigências em matéria de recursos hídricos, o que pode causar perturbações na existência de recursos hídricos; por conseguinte, a exploração integrada utilizando o método dos cenários pode aumentar a fiabilidade da utilização dos recursos hídricos na presença de incertezas. As leis, programas e documentos a montante são sempre considerados os documentos mais importantes e maiores em qualquer país, porque estes documentos são a base do planeamento em áreas executivas em diferentes níveis de gestão do país, sendo uma das áreas executivas mais importantes a gestão dos recursos hídricos. A análise desses documentos mostrou que o principal discurso que rege esse período é o discurso exploratório, que é considerado o principal signo e ponto de gravidade desses documentos, que indica a utilização plena dos recursos hídricos do país utilizando tecnologia e mecanização dos métodos de produção. E esse discurso se manifesta alienando o discurso da conservação nesses documentos, e os principais signos e boias como a hegemonia do discurso da modernização contra o discurso do desenvolvimento, o discurso do comando-ordem contra o discurso da pesquisa, e a hegemonia da gestão pública contra a gestão participativa comprovam isso. Diz-se que com sinais de equivalência como o aproveitamento das fontes de água superficiais e subterrâneas, a atenção à agricultura, à geração de emprego e renda, a escavação de poços profundos e semi-profundos para o abastecimento de água potável, à indústria e à agricultura para aumentar a capacidade das usinas hidrelétricas do país. E é aprovada a política de autossuficiência dos produtos agrícolas. Nos últimos anos, as abordagens de avaliação da resiliência das políticas de gestão dos recursos hídricos, especialmente em condições extremas, têm atraído a atenção dos investigadores. A resiliência é a capacidade de resistir a crises ou desafios sucessivos de tal forma que o sistema, com a estabilidade adequada, tem a capacidade de regressar ao equilíbrio ou a um desempenho aceitável ou a níveis de desempenho mais elevados. A avaliação da resiliência dos cenários de oferta e procura dos sistemas de recursos hídricos ao nível da bacia hidrográfica, considerando as caraterísticas organizacionais dos mutuários, não tem sido devidamente investigada. Devido à existência de diferentes gurdarans na bacia hidrográfica do Abriz, é necessário considerar corretamente o poder, a posição organizacional, as preferências e as limitações dos gurdarans, a fim de decidir sobre cenários de gestão adequados. A água é um dos recursos naturais mais valiosos que é utilizado em vários sectores e, como um dos principais factores de produção dos produtos agrícolas, ocupa um lugar especial no desenvolvimento sustentável da agricultura. Atualmente, o consumo de água é superior às suas fontes de abastecimento e o consumo mais elevado verifica-se no sector agrícola, pelo que é necessária uma gestão sustentável dos recursos hídricos agrícolas. A utilização correta de um método de irrigação de baixa intensidade requer uma compreensão completa da resposta do rendimento à água, da sensibilidade do produto ao stress hídrico e do impacto económico de uma diminuição do rendimento do produto. Em áreas onde os recursos hídricos são limitados, este método pode ser benéfico para os agricultores maximizarem a produtividade da água agrícola em vez de maximizarem o rendimento das culturas por unidade de terra. Atualmente, os recursos humanos não se centram apenas nos requisitos de trabalho da organização, nas avaliações, no despedimento e noutras questões específicas. Atualmente, a gestão dos recursos humanos tornou-se uma parte essencial dos assuntos de gestão, tendo-lhe sido acrescentadas novas dimensões, incluindo a gestão dos recursos humanos. A gestão verde de recursos humanos, como ramo da gestão sustentável de recursos humanos, é um novo tópico no desenvolvimento da gestão de recursos humanos, que enfatiza o objetivo da sustentabilidade ambiental, e é uma ferramenta prática para a gestão verde de recursos humanos, que está incluída em todos os processos e operações de gestão. ser Por outro lado, na construção de Sakhazmani, o fio da natureza é tido em consideração, e há formas de desenvolver e utilizar as capacidades da natureza e do ambiente no desenvolvimento do tronco da árvore. As fontes de água superficiais e subterrâneas são um dos recursos mais importantes de que a vida humana necessita e, se não lhes for prestada atenção, os seres humanos terão problemas irreparáveis. Sem água, a vida e o surgimento da civilização humana não têm sentido em todos os sentidos. Por conseguinte, a gestão dos recursos hídricos, tanto superficiais como subterrâneos, é uma das necessidades básicas das sociedades, que devem ser formadas com base na ciência e também com base em princípios de engenharia. Uma das bênçãos da natureza na Terra é a chuva. Parte da água da chuva é facilmente desperdiçada se for utilizada de forma incorrecta. Uma parte pode escorrer na superfície do solo sem qualquer objetivo e tornar-se uma erva daninha ou ficar inacessível devido à evaporação. Por conseguinte, os métodos científicos e de engenharia de gestão das águas superficiais e, consequentemente, de gestão das águas pluviais são uma parte inseparável da ciência da gestão dos recursos hídricos. Para além dos diferentes métodos de gestão das águas de superfície e das águas pluviais, podemos mencionar um método designado por recolha de águas pluviais. Neste método científico, que se baseia nos princípios da engenharia, são concebidos sistemas de captação de águas pluviais e sistemas de controlo que, se concebidos e implementados corretamente, podem salvar a maior parte dos recursos de água da chuva que estão fora do alcance e são desperdiçados. Utilizar o rio. Para evitar o seu desperdício e de acordo com a sua qualidade, devem ser determinados e reutilizados os objectos utilizados de acordo com a qualidade da água. Relativamente à recolha de águas pluviais, discutimos os seus benefícios, aplicações e efeitos e salientamos a necessidade da sua conceção e implementação científica e baseada em princípios. A utilização de recursos hídricos subterrâneos para fins agrícolas é feita sob a forma de poços, nascentes e aquedutos. Os poços são uma das fontes com capacidade de controlo da exploração, que também desempenham um papel eficaz no estado do lençol freático subterrâneo. Com uma visão sistémica e as ferramentas da dinâmica de sistemas, o estado de exploração destes recursos hídricos tem sido investigado nas últimas décadas. Procurou-se identificar e desenvolver os processos dinâmicos que regem o consumo de água através de poços no sector agrícola através de investigações experimentais e de campo. A estrutura final desenvolvida, que apenas inclui diagramas causais, mostra claramente a falta de identificação de variáveis apropriadas para a tomada de decisões, a falta de estruturalismo dinâmico e, como resultado, uma visão transversal e parcial leva à falta de tomada de decisões apropriadas na exploração dos recursos hídricos subterrâneos, negligência de estratégias de controlo apropriadas. A incapacidade de identificar a relação entre múltiplas componentes e, em última análise, a falta de uma visão adequada dos gestores da situação real tornou-se a regra da questão. Por outras palavras, este artigo mostra como a modelação baseada na abordagem sistémica e com as ferramentas da dinâmica de sistemas tem um papel eficaz na formação dos administradores para identificarem a estrutura de governação do sistema sob a sua gestão. O fornecimento de água potável, tanto quantitativa como qualitativamente, é um dos objectivos importantes das sociedades humanas. O desenvolvimento e o progresso são possíveis à sombra da saúde das pessoas da sociedade. É evidente que a saúde das pessoas depende do fornecimento de água potável de boa qualidade. Desde um passado longínquo, as aldeias têm estado intimamente ligadas ao ambiente natural e a água, como um dos componentes naturais importantes, tem tido um grande impacto nos meios de subsistência rurais. Por conseguinte, a gestão das questões relacionadas com a água nas zonas rurais é muito importante. A maioria das aldeias da região utiliza água de poços manuais e nascentes de forma monótona, o que tem aumentado os custos, e devido ao desgaste da rede de abastecimento de água e à suspeita de contaminação microbiana e física, bem como à grave falta de água nas nascentes no verão e no outono, com os problemas de aumento dos sais da água. A seca é uma das catástrofes naturais mais importantes que podem ocorrer em qualquer clima. Uma vez que a ocorrência de secas é inevitável, é muito importante conhecê-la para gerir os recursos hídricos de forma optimizada. As águas subterrâneas são uma das mais importantes fontes de água doce de que os seres humanos necessitam, e a sua contaminação por fertilizantes e pesticidas devido ao desenvolvimento da agricultura e à diversidade de pragas vegetais é um dos problemas ambientais. A crescente do público, medidas rigorosas e a promulgação de novas leis no domínio dos recursos hídricos tornaram necessária a utilização de tecnologias avançadas. Os sistemas de informação geográfica (SIG) são ferramentas eficazes para armazenar, gerir e apresentar dados espaciais que são frequentemente encontrados na gestão dos recursos hídricos. A utilização dos SIG nos recursos hídricos está a aumentar continuamente. A fim de realçar a importância dos SIG na gestão dos recursos hídricos, as aplicações relacionadas com este domínio são revistas e avaliadas com vista a uma investigação e desenvolvimento eficientes no futuro. Os conceitos básicos do SIG são resumidos e a história da evolução do SIG nos recursos hídricos é discutida. As aplicações actuais do SIG incluem a modelação hidrológica de águas superficiais e subterrâneas, a modelação de sistemas de abastecimento de água e de esgotos, a modelação da poluição de fontes de águas pluviais e de fontes não pontuais para áreas urbanas e agrícolas e outras aplicações relacionadas. Com base nestas análises, são apresentadas as necessidades futuras de investigação e desenvolvimento. Devido à diminuição acentuada da capacidade hídrica dos aquíferos aluviais, a procura de acesso à água aumentou, o que é importante sob a forma do fenómeno de engarrafamento dos poços, que está a crescer e a desenvolver-se. O fracking é uma alteração da física e da estrutura rochoso-sedimentar do aquífero. Dar mais lugar e valor ao índice de quantidade física e estrutura rochoso-sedimentar do aquífero pode ser visto no facto de que permitir o acesso a cada centímetro das profundidades mais profundas do aquífero e alterar a natureza estratificada do aquífero irá destruir o aquífero de uma forma incontrolável e compensatória. As suas dimensões técnicas, jurídicas, sociais e de gestão são muito complexas e extensas.

REFERÊNCIAS

Abu-Bakar, H., Williams, L., Hallett, S.H., 2021. Uma revisão da gestão da demanda doméstica de água e medição do consumo. J. Clean. Prod. 292,. https://doi. org/10.1016/j.jclepro.2021.125872 125872.

Adams, T.E., 2021. Um roteiro para um sistema abrangente de previsão de recursos hídricos para o Paquistão. Em: Watto, M.A., Mitchell, M., Bashir, S. (Eds.), Water Resources of Pakistan: Issues and Impacts. Springer International Publishing, Cham, pp. 273-302.

Ahmad, S., 2007. Land and Water Resources of Pakistan-A Critical Assessment [Recursos Terrestres e Hídricos do Paquistão - Uma Avaliação Crítica]. Pak. Dev. Review. 46 (4), 911-937 https://www.jstor.org/stable/41261204.

Ahmed, T., Scholz, M., Al-Faraj, F., Niaz, W., 2016. Impactos das alterações climáticas na agricultura e, subsequentemente, na saúde pública relacionados com a água: uma revisão para generalistas com especial referência ao Paquistão. Int. J. Environ. Res. Public Health 13 (11), 1051. https://doi.org/10.3390/ijerph13111051.

Ahmed, K., Shahid, S., bin Harun, S., Ismail, T., Nawaz, N., Shamsudin, S., 2015. Avaliação das zonas potenciais de águas subterrâneas numa região árida com base na teoria da catástrofe. Earth. Sci. Inform. 8 (3), 539-549. https://doi.org/10.1007/ s12145-014-0173-3.

Ahmed, T., Zounemat-Kermani, M., Scholz, M., 2020. Alterações climáticas, qualidade da água e desafios relacionados com a água: uma revisão com enfoque no Paquistão. Int. J. Environ. Res. Public Health 17 (22), 8518. https://doi.org/10.3390/ijerph17228518.

Ait-Kadi, M., 2016. Água para o desenvolvimento e desenvolvimento para a água: concretizar a visão dos Objectivos de Desenvolvimento Sustentável (ODS). Aquat. Procedia 6, 106-110. https://doi.org/10.1016/j.aqpro.2016.06.013.

Akhmouch, A., Correia, F.N., 2016. Os 12 princípios da OCDE sobre a governação da água - Quando a ciência encontra a política. Util. Policy 43, 14-20. https://doi.org/10.1016/j. jup.2016.06.004.

Akhtar, M.M., Mohammad, A.D., Ehsan, M., Akhtar, R., ur Rehman, J., Manzoor, Z., 2021. Recursos hídricos do Baluchistão, Paquistão - uma revisão. Arab. J. Geosci. 14 (4), 289. https://doi.org/10.1007/s12517-021-06502-y.

Alsaeed, B.S., Hunt, D.V.L., Sharifi, S., 2022. Quadros de Avaliação da Gestão Sustentável dos Recursos Hídricos (SWRM-AF) para regiões áridas e semi-áridas: uma revisão sistemática. Sustentabilidade 14 (22).

Araújo, R.S., Alves, M.d.G., Condesso de Melo, M.T., Chrispim, Z.M.P., Mendes, M.P., Silva Júnior, G.C., 2015. Gestão de recursos hídricos: uma avaliação comparativa entre Brasil, Rio de Janeiro, União Europeia e Portugal. Sci. Total Environ. 511, 815–828. https://doi.org/10.1016/j.scitotenv.2014.11.098.

Arfan, M., Ansari, K., Ullah, A., Hassan, D., Siyal, A.A., Jia, S., 2020. Agenda setting in water and IWRM: discourse analysis of water policy debate in Pakistan. Water. 12 (6), 1656. https://doi.org/10.3390/w12061656.

Asad Sarwar, Q., 2011. Gestão da água na bacia do Indo no Paquistão: desafios e oportunidades. Mt. Res. Dev. 31 (3), 252-260. https://doi.org/ 10.1659/MRD-JOURNAL-D-11-00019.1.

Ashraf, M., Faizan, U.H., 2020. Gestão das águas subterrâneas no Baluchistão: um estudo de caso da reabilitação de Karez. Nota de conhecimento sobre a água.

Asif, M., 2013. Alterações climáticas, crise da água de irrigação e segurança alimentar no Paquistão. In.

Aslam, R.A., Shrestha, S., Pandey, V.P., 2018. Vulnerabilidade das águas subterrâneas às alterações climáticas: uma revisão da metodologia de avaliação. Sci. Total Environ. 612, 853- 875. https://doi.org/10.1016/j.scitotenv.2017.08.237.

Aydin, M.E., Keles , R., 2021. Uma abordagem baseada em múltiplos agentes para a gestão eficiente da energia dos recursos hídricos. Comput. Ind. Eng. 151,. https://doi.org/10.1016/ j.cie.2020.106679 106679.

Bashir, S., Aslam, Z., Niazi, N.K., Khan, M.I., Chen, Z., 2021. Impactos da qualidade da água na saúde humana no Paquistão. In: Watto, M.A., Mitchell, M., Bashir, S. (Eds.), Water Resources of Pakistan: Issues and Impacts.

Springer International Publishing, Cham, pp. 225-247.

Becker, R., Schüth, C., Merz, R., Khaliq, T., Usman, M., Aus der Beek, T., Kumar, R., Schulz, S., 2023. O aumento do stress térmico reduz os rendimentos futuros de três grandes culturas na região do Punjab, no Paquistão, apesar da intensificação da irrigação . Agric. Water Manage. 281,. https://doi.org/10.1016/j.agwat.2023.108243 108243.

Bhutta, M.N., Chaudhry, M.R., Chaudhry, A.H., 2020. Qualidade e disponibilidade das águas subterrâneas no Paquistão. Bibi, B., Jian, K., Hussain, A., 2023. O degelo dos glaciares e o Tratado da Água do Indo: A.

Brears, R.C., 2021. Gestão dos recursos hídricos: Innovative and Green Solutions. Walter de Gruyter GmbH & Co KG.

Chalov, S.R., Jarsjo, J., Kasimov, N.S., Romanchenko, A.O., Pietron, J., Thorslund, J., 2015. Variação espácio-temporal do transporte de sedimentos na bacia do rio Selenga, Mongólia e Rússia. Environ. Earth Sci. https://doi.org/10.1007/s12665- 014-3106-z.

Chaudhry, Q.U.-Z., Mahmood, A., Rasul, G., Afzaal, M. 2009. Climate Change indicators of Pakistan (Indicadores de alterações climáticas do Paquistão). Obtido de. Chipperfield, K., Alexandra, J., 2023. Governação da água, o Estado de direito e a regulação dos riscos para a bacia de Murray-Darling. Austr. J. Water Resources. 27 (1), 103-116. https://doi.org/10.1080/13241583.2022.2161143.

Cooper, R. 2018. Sistemas de gestão/governação da água no Paquistão. Recuperado de Brighton, Reino Unido: Instituto de Estudos de Desenvolvimento.

Dars, G.H., Lashari, B.K., Soomro, M.S., Strong, C., Ansari, K., 2021. Recursos hídricos do Paquistão na era das mudanças climáticas. In: Watto, M.A., Mitchell, M., Bashir, S. (Eds.), Water Resources of Pakistan: Issues and Impacts. Springer International Publishing, Cham, pp. 95-108.

FAO. 2018. Paquistão: rumo a uma gestão de irrigação mais eficiente e sustentável. Recuperado de http://www.fao.org/3/I8388EN/i8388en.pdf.

FAO, 2021. Organização das Nações Unidas para a Alimentação e a Agricultura. In: AQUASTAT (Ed.). Farzaneh, M.R., Eslamian, S., Mirnezami, S.J.E., 2014. In: Alterações climáticas: Incerteza, impacto e adaptação. Em Handbook of engineering hydrology. CRC Press, pp. 143-162.

GOP, 2018. (Governo do Paquistão) (2018). Política Nacional da Água 2018. Ministério dos Recursos Hídricos, Governo do Paquistão. Obtido em https://mowr.gov. pk/wp- content/uploads/2018/06/National-Water-policy-2018-2.pdf.

Grigg, N.S., 2019. Infraestrutura global da água: revisão do estado da arte. Int. J. Water Resour. Dev. 35 (2), 181-205. https://doi.org/10.1080/07900627.2017.1401919.

Haddaway, N.R., Page, M.J., Pritchard, C.C., McGuinness, L.A., 2022. PRISMA2020: Um pacote R e um aplicativo Shiny para produzir diagramas de fluxo compatíveis com PRISMA 2020, com interatividade para transparência digital otimizada e síntese aberta. Campbell Syst. Rev. 18 (2), e1230. https://doi.org/10.1002/cl2.1230.

Hafeez, M.M., Ahmed, R.N., Khan, M.D., Safdar, M.A., 2020. Quais são as crises e os problemas de governação no Paquistão? Uma análise. Rev. Appl. Manage. Soc. Sci. 3 (1), 53-59. https://doi.org/10.47067/ramss.v3i1.24.

Halidu, A.-B., Williams, L., Hallett, S.H., 2021. Uma revisão da gestão da demanda doméstica de água e medição do consumo. J. Clean. Prod. 292,. https://doi. org/10.1016/j.jclepro.2021.125872 125872.

Hassan, D., Rais, M.N., Ahmed, W., Bano, R., Burian, S.J., Ijaz, M.W., Bhatti, F.A., 2019. Modelagem da demanda futura de água usando avaliação e planejamento da água: um estudo de caso da Bacia do Indo no Paquistão. Sustentar. Water Resour. Manage. 5 (4), 1903-1915. https://doi.org/10.1007/s40899-019-00343-0.

Hofmann, J., Watson, V., Scharaw, B., 2015. Qualidade das águas subterrâneas sob stress: contaminantes na bacia do rio Kharaa (Mongólia). Environ. Earth Sci. 73 (2), 629-648. https://doi.org/10.1007/s12665-014-3148-2.

Hussain, M., Liu, G., Yousaf, B., Ahmed, R., Uzma, F., Ali, M.U., Ullah, H., Butt, A.R., 2018. Avaliação regional e setorial das alterações climáticas no Paquistão: normas sociais e indígenas

percepções sobre a adaptação e a atenuação das alterações climáticas em relação ao contexto global. J. Clean. Prod. 200, 791-808. https://doi.org/10.1016/j.jclepro.2018.07.272.

Hussain, M., Mumtaz, S., 2014a. Alterações climáticas e gestão da crise da água: A perspetiva do Paquistão. Rev. Environ. Health 29 (1-2), 71-77. https://doi.org/ 10.1515/reveh-2014-0020.

Hussain, M., Mumtaz, S., 2014b. Alterações climáticas e gestão da crise da água: A perspetiva do Paquistão. Rev. Environ. Health 29 (1-2), 71-77. https://doi.org/ 10.1515/reveh-2014-0020.

Hussain, M.I., Muscolo, A., Farooq, M., Ahmad, W., 2019. Utilização e gestão sustentáveis de recursos hídricos não convencionais para a reabilitação de terras marginais em ambientes áridos e semiáridos. Agric. Water Manage. 221, 462-476. https://doi.org/10.1016/j.agwat.2019.04.014.

Hussain, M.M., Qadeer, A., Farooqi, Z.U.R., Hameed, M.A., 2022. Climate Change Hastening Heatwaves: A Pakistan Scenario. In: Bandh, S.A. (Ed.), Climate Change: The Social and Scientific Construct. Springer International Publishing, Cham, pp. 103-116.

Immerzeel, W.W., Droogers, P., De Jong, S.M., Bierkens, M.F.P., 2009. Monitorização em grande escala do manto de neve e simulação do escoamento superficial nas bacias hidrográficas dos Himalaias utilizando a deteção remota. Remote Sens. Environ. 113 (1), 40-49. https://doi.org/ 10.1016/j.rse.2008.08.010.

IWT. 1960. Tratado sobre as águas do Indo. Assinado em Karachi em setembro. 19(1960), 300- 365. Jabeen, A., Huang, X., Aamir, M., 2015. Os desafios da poluição da água, a ameaça à saúde pública, as falhas das leis e políticas da água no Paquistão. J. Water Resour. Prot. 7 (17), 1516. https://doi.org/10.4236/jwarp.2015.717125.

Jamro, S., Dars, G.H., Ansari, K., Krakauer, N.Y., 2019. Variabilidade espaço-temporal da seca no Paquistão usando o índice de evapotranspiração de precipitação padronizado. Appl. Sci. 9 (21), 4588. https://doi.org/10.3390/app9214588.

Janjua, S., Hassan, I., Muhammad, S., Ahmed, S., Ahmed, A., 2021. Gestão da água na bacia do Indo do Paquistão: desafios e oportunidades. Water Policy 23 (6), 1329-1343. https://doi.org/10.2166/wp.2021.068.

Jankowski, T., Livingstone, D.M., Bührer, H., Forster, R., Niederhauser, P., 2006. Consequences of the 2003 European heat wave for lake temperature profiles, thermal stability, and hypolimnetic oxygen depletion: Implicações para um mundo mais quente. Limnol. Oceanogr. 51 (2), 815-819. https://doi.org/10.4319/ lo.2006.51.2.0815.

Jéquier, E., Constant, F., 2010. A água como nutriente essencial: a base fisiológica da hidratação. Eur. J. Clin. Nutr. 64 (2), 115-123. https://doi.org/10.1038/ ejcn.2009.111.

Kalair, A.R., Abas, N., Ul Hasan, Q., Kalair, E., Kalair, A., Khan, N., 2019. Nexo entre água, energia e alimentos do Tratado da Água do Indo: Governação da água. Nexo Água-Energia. 2 (1), 10-24. https://doi.org/10.1016/j.wen.2019.04.001.

Kaleem, O. 2007. Pakistan Now Faces the Prospect of Worsening Water Shortages" [O Paquistão enfrenta agora a perspetiva de agravamento da escassez de água].

Khair, S.M., Mushtaq, S., Reardon-Smith, K., 2015. Governação das águas subterrâneas num país carente de água: políticas públicas, percepções dos agricultores e factores de adoção de poços tubulares no Baluchistão, Paquistão. Groundwater 53 (4), 626-637. https://doi.org/10.1111/gwat.12250.

Khalid, I.S., Khaver, A.A. 2019. Economia política da poluição da água no Paquistão: uma visão geral. In: SDPI (Ed.). Islamabad, Instituto de Política de Desenvolvimento Sustentável do Paquistão.

Khanam, H., Ali, S., Zaman, M., Shahid, M.A., Muzammal, H., Khan, M.Z., Safdar, M., Majeed, M.D., 2023. Gestão integrada dos recursos hídricos utilizando o modelo de avaliação e planeamento da água: um estudo de caso do canal inferior de Bari Doab, Paquistão. Environ. Sci. Proc. 25 (1).

Kumar, L., Kumari, R., Kumar, A., Tunio, I.A., Sassanelli, C., 2023. Avaliação e monitorização da qualidade da água no Paquistão: uma revisão abrangente. Sustentabilidade 15 (7).

Landreth, S., 2015. Alcançar o Acesso Universal aos Serviços de Água e Saneamento: The Role of Political Will in Implementation Practices, a Study of Pakistan and India [O Papel da Vontade Política nas Práticas de

Implementação, um Estudo do Paquistão e da Índia]. Universidade do Colorado, Boulder Boulder, CO, EUA.

Lutz, A.F., Immerzeel, W.W., Shrestha, A.B., Bierkens, M.F.P., 2014. Aumento consistente do escoamento superficial da Alta Ásia devido ao aumento do degelo dos glaciares e da precipitação. Nat. Clim. Chang. 4 (7), 587-592. https://doi.org/10.1038/nclimate2237.

Maqbool, N., 2022. Crise da água no Paquistão: Manifestation. Causes and the Way Forward, PIDE Knowledge Brief.

Marques, A.C., Veras, C.E., Rodriguez, D.A., 2022. Avaliação dos contributos das políticas da água para a gestão sustentável dos recursos hídricos em cenários de alterações climáticas. J. Hydrol. 608,. https://doi.org/10.1016/j.jhydrol.2022.127690 127690.

Mehboob, M.S., Kim, Y., 2021. Efeito das alterações climáticas e socioeconómicas na futura disponibilidade de água de superfície a partir de fontes de água montanhosas na bacia superior do Indo, no Paquistão. Sci. Total Environ. 769,. https://doi.org/10.1016/j. scitotenv.2020.144820 144820.

Muhammad, A.M., Zhonghua, T., Sissou, Z., Mohamadi, B., Ehsan, M., 2016. Análise da estrutura geológica e fatores antropológicos que afetam a distribuição de arsênico no aquífero Lahore. Paquistão. Hydrogeol. J. 24 (7), 1891-1904. https://doi.org/ 10.1007/s10040-016-1453-4.

Mumtaz, A., Mirjat, M.S., Mangio, H.R., Soomro, A.J.J., 2017. Avaliação do estado da qualidade da água potável e seu impacto na saúde na cidade de Tandojam. J. Bas. Appl. Sci. 13, 363-369. https://doi.org/10.6000/1927-5129.2017.13.60.

Munir, M.U., Ahmad, A., Hopmans, J.W., Belgacem, A.O., Baig, M.B. 2021. Ameaças de escassez de água à segurança alimentar nacional do Paquistão - questões, implicações e caminho a seguir. Em M. Behnassi, M. Barjees Baig, M. El Haiba, & M. R. Reed (Eds.), Emerging Challenges to Food Production and Security in Asia, Middle East, and Africa: Climate Risks and Resource Scarcity (Riscos climáticos e escassez de recursos). Cham: Springer International Publishing, pp. 241-266.

Muratoglu, A., Iraz, E., Ercin, E., 2022. Gestão dos recursos hídricos de grandes bacias hidrológicas em regiões semi-áridas: Variabilidade espacial e temporal da pegada hídrica da bacia do Alto Eufrates. Sci. Total Environ. 846,. https://doi.org/10.1016/j.scitotenv.2022.157396 157396.

Mustafa, D., Akhter, M., Nasrallah, N., 2013. Understanding Pakistan's waterecurity nexus (Compreender o nexo de segurança da água no Paquistão). Instituto da Paz dos Estados Unidos, Washington, DC. Mustafa, D., Usman Qazi, M., 2008. Karez versus tubewell irrigation: the comparative social acceptability and practicality of sustainable groundwater development in Balochistan, Pakistan. Contemp. South Asia. 16 (2), 171-195.

Muzammil, M., Zahid, A., Breuer, L., 2020. Estratégias de gestão dos recursos hídricos para a agricultura de regadio na bacia do Indo, no Paquistão. Água 12 (5).

Nasim, W., Amin, A., Fahad, S., Awais, M., Khan, N., Mubeen, M., Wahid, A., Rehman, M.H., Ihsan, M.Z., Ahmad, S., 2018. Avaliação do risco futuro através da estimativa das tendências históricas das ondas de calor com acumulação de calor projectada utilizando o modelo climático SimCLIM no Paquistão. Atmos. Res. 205, 118-133. https://doi.org/10.1016/j. atmosres.2018.01.009.

Nasir, J., Ashfaq, M., Baig, I.A., Punthakey, J.F., Culas, R., Ali, A., Hassan, F.U., 2021. Avaliação do impacto socioeconómico da conservação e gestão dos recursos hídricos para proteger as águas subterrâneas em Punjab, Paquistão. Água 13 (19).

Nasir, A., Nasir, M.S., Shauket, I., Anwar, S., Ayub, I., 2016. Impacto da drenagem de samanduri nos recursos hídricos de Faisalabad. Adv. Environ. Biol. 10 (1), 155-160.

Nixon, R., Ma, Z., Khan, B., Birkenholtz, T., Lee, L., Mian, I., 2022. A influência social molda a governança adaptativa da água: evidências empíricas do noroeste do Paquistão. Ecol. Soc. 27 (3). https://doi.org/10.5751/ES-13546-270337.

OCDE. 2015. Princípios da Organização para a Cooperação e Desenvolvimento Económico (OCDE) sobre a Governação da Água. Recuperado de.

Oliazadeh, A., Bozorg-Haddad, O., Loáiciga, H.A., Ahmad, S., Singh, V.P., 2022. O efeito das alterações climáticas nos recursos hídricos. In: Bozorg-Haddad, O. (Ed.), Climate Change in Sustainable Water Resources Management. Springer Nature Singapore, Singapura, pp. 95-118.

Pahl-Wostl, C., 2019. Governação do nexo água-energia-segurança alimentar: um desafio de coordenação a vários níveis. Environ Sci Policy 92, 356-367. https://doi.org/ 10.1016/j.envsci.2017.07.017.

Parry, J.-E., 2016. A vulnerabilidade do sector da água do Paquistão aos impactos das alterações climáticas: identificação de lacunas e recomendações de ação. Instituto Internacional para o Desenvolvimento Sustentável. Phoebe, S., 2019. Recursos hídricos no Paquistão: escassos, poluídos e mal governados. https://doi.org/APO-217821.

Qazlbash, S.K., Zubair, M., Manzoor, S.A., Haq, A., Baloch, M.S., 2021. Determinantes socioeconómicos das adaptações às alterações climáticas na comunidade rural propensa a inundações da Bacia do Indo, Paquistão. Environ. Dev. 37,. https://doi.org/ 10.1016/j.envdev.2020.100603 100603.

Qureshi, A.S., 2014. Reduzir as emissões de carbono através de uma melhor gestão da irrigação: um estudo de caso do Paquistão. Irrig. Drain. 63 (1), 132-138. https://doi.org/10.1002/ird.1795.

Qureshi, R., Ashraf, M., 2019. Questões de segurança hídrica da agricultura no Paquistão Vol. 1.Qureshi, A.S., McCornick, P.G., Qadir, M., Aslam, Z., 2008. Managing salinity and waterlogging in the Indus Basin of Pakistan (Gestão da salinidade e do alagamento na bacia do Indo do Paquistão). Agric Water Manag 95 (1), 1-10. https://doi.org/10.1016/j.agwat.2007.09.014.

Rana, A.W., 2019. Revisão institucional abrangente para a agricultura resiliente ao clima: Intl Food Policy Res Inst.Raza, M., Hussain, F., Lee, J.-Y., Shakoor, M.B., Kwon, K.D., 2017. Estado das águas subterrâneas no Paquistão: uma revisão da contaminação, riscos para a saúde e necessidades potenciais. Crit. Rev. Environ. Sci. Technol. 47 (18), 1713-1762. https://doi.org/10.1080/ 10643389.2017.1400852.

Raza, A., Khaliq, A., Hu, Y., Zubair, N., Acharki, S., Zubair, M., Syed, N.R., Ahmad, F., Iqbal, S., Elbeltagi, A., 2023. Water Resources and Irrigation Management Using GIS and Remote Sensing Techniques: Case of

Multan District (Pakistan). In: Pande, C.B., Kumar, M., Kushwaha, N.L. (Eds.), Surface and Groundwater Resources Development and Management in Semi-arid Region: Strategies and Solutions for Sustainable Water Management. Springer International Publishing, Cham, pp. 137-156.

Raza, T., Shehzad, M., Farhan Qadir, M., Abdul Kareem, H., Eash, N.S., Sillanpaa, M., Rehman Hakeem, K., 2022. Efeitos indirectos da Covid-19 na qualidade da água. WaterEnergy Nexus. 5, 29-38. https://doi.org/10.1016/j.wen.2022.10.001.

Rehman, A., Ma, H., Ozturk, I., Ahmad, M.I., 2022. Examinar as emissões de carbono e os impactos climáticos na produção das principais culturas agrícolas e na utilização dos solos: dados actualizados do Paquistão. Environ. Sci. Pollut. Res. 29 (1), 868-882. https://doi.org/10.1007/s11356-021-15481-2.

Reid Bell, A., Ward Patrick, S., Ashfaq, M., Davies, S., 2020. Avaliação e aspirações para irrigação por gotejamento em Punjab, Paquistão. J. Water Resour. Plan. Manage. 146, (6). https://doi.org/10.1061/(ASCE)WR.1943-5452.0001181 04020035.

Ringler, C., Anwar, A., 2013. Água para a segurança alimentar: desafios para o Paquistão. Water Int. 38 (5), 505-514. https://doi.org/10.1080/02508060.2013.832122.

MIX
Papier aus verantwortungsvollen Quellen
Paper from responsible sources
FSC® C105338

Printed by Books on Demand GmbH, Norderstedt / Germany